FC2ブログ
スーパーカスタマイズ テクニック

藤本 壱 著

技術評論社

本書に記載された内容は、情報の提供のみを目的としています。したがって、本書を用いた運用は、必ずお客様自身の責任と判断によって行ってください。これらの情報の運用の結果について、技術評論社および著者はいかなる責任も負いません。

　本書記載の情報は、第1刷発行時のものを掲載していますので、ご利用時には、変更されている場合もあります。ホームページの内容は変更・改良・消去される場合があり、本書での説明とは機能内容や画面図などが異なってしまう場合もあり得ます。また、ご利用環境（ハードウェアやOS）などによって、本書の説明とは機能内容や画面図などが異なってしまう場合があります。

　以上の注意事項をご承諾いただいた上で、本書をご利用願います。これらの注意事項をお読みいただかずに、お問い合わせいただいても、技術評論社および著者は対処しかねます。あらかじめご承知おきください。

　本書を利用するにあたって、ご使用マシンがインターネットに接続されていることを前提としています。またパソコンやインターネットの基本的な操作方法や知識に関しましては、紙面の関係で、本書内では詳しく解説はしておりません。そのような場合には、他書などをご覧ください。

◆ FC2、FC2ブログは、米国FC2,inc.の登録商標です。
◆ Microsoft Windowsの各バージョンは米国Microsoft Corporationの登録商標です。
◆ その他、本文中に記載されている製品名、会社名等は、関係各社の商標または登録商標です。

はじめに

　ブログの出現によって、「自分のホームページを作りたいけど、難しくて作れない」という人々が、ブログに押し寄せるようになりました。特に、無料で使える「レンタルブログ」は、多くの業者がサービスを提供していて、ブログを始めるのは非常に簡単になっています。

　レンタルブログの中で、「FC2 ブログ」は人気が高いサービスの 1 つです。FC2 ブログは、テンプレート（ブログのデザインのひな形）が約 4000 種類もあることや、カスタマイズ（デザイン等を改造すること）の自由度が高いのが特徴です。

　ただ、カスタマイズしやすいとは言え、実際にカスタマイズを行っていくには、HTML 等の知識が必要で、そう簡単にはいかないです。また、カスタマイズの手順はあちこちのホームページで紹介されていますが、情報が分散しているので、「ここを見ればすべてが分かる」というようなところは少ないです。

　そこで本書では、「自分の FC2 ブログをカスタマイズしたい」という方々のために、各種のカスタマイズの手法の中から、以下のようなものを取り上げてまとめています。

① HTML やスタイルシートを使って記事の見栄えを高めたり、テンプレートをカスタマイズしたりする
②「プラグイン」を利用して、サイドバーにブログパーツ等を組み込む
③ YouTube 等の他のサービスと連携する
④ FC2 ブログでアフィリエイトを行う
⑤ スパム対策やバックアップなど、FC2 ブログの管理を行う

　本書をお読みになった皆様が、FC2 ブログを自分好みにカスタマイズすることができれば、筆者としては幸いです。

2007 年 12 月

藤本　壱

目次

本書を読み始める前に IX

第1章　HTMLとスタイルシートで記事の表現力を高める　1

1-1　HTMLの基本 2
ホームページの仕組み 2
要素／タグ／属性について 3

1-2　記事にHTMLを入れる 4
改行の自動変換を行わないようにする 4
標準モードで記事にHTMLを入れる 7
高機能テキストエディタを使う 7
ソース編集モードに切り替える 8

1-3　主なHTMLの要素の書き方 12
段落と改行を表す要素 12
他のページへリンクする 15
画像を表示する 18
表組みを表示する 23

1-4　スタイルシートで記事のデザインをカスタマイズする 28
スタイルシートの概要 28
特定の文字にスタイルシートを設定する – span要素 30
文字色と背景色を指定する – colorプロパティ／background-colorプロパティ 31
文字のサイズを指定する – font-sizeプロパティ 32
文字のフォントを指定する – font-familyプロパティ 35
下線や斜体の設定 37
背景に画像を入れる 39
枠線と余白をつける 40
段落等の中の文章を中央揃え等にする 43
画像のまわりに文章を回り込ませる 45

第2章　テンプレートをカスタマイズする　49

2-1　テンプレートを切り替える 50
公式テンプレートと共有テンプレート 50

	テンプレートの設定のページを開く	50
	公式テンプレートに切り替える	51
	共有テンプレートに切り替える	53
	ダウンロード済みのテンプレートから選びなおす	55
	テンプレートを編集する	55
	カスタマイズするなら公式テンプレートがお勧め	56

2-2 外部スタイルシートの基本 ... 57
- 外部スタイルシートとは？ ... 57
- 外部スタイルシートの基本的な書き方 ... 57
- クラスを指定する ... 58
- ID を指定する ... 60
- 階層を指定する ... 60
- カスタマイズによるトラブルを防ぎやすくする ... 61

2-3 スタイルシートをカスタマイズする ... 63
- ページ全体の背景を変える ... 63
- ヘッダー部分の背景画像を変える ... 66
- 個々の記事の書式を指定する ... 67
- よく使う書式をクラスに定義しておく ... 70
- 写真に余白と枠をつける ... 72

2-4 最近のコメントやトラックバックをツリー化する ... 76
- ツリー化とは？ ... 76
- プラグインの書き換え ... 77
- HTML のテンプレートの書き換え ... 80
- ツリーの線を表示する ... 83

2-5 サイドバーの折りたたみ ... 87
- サイドバーの折りたたみとは？ ... 87
- 折りたたみのスクリプトをダウンロードする ... 88
- 折りたたみのスクリプトをアップロードする ... 89
- HTML のテンプレートにスクリプトを組み込む行を追加する ... 90
- プラグイン部分の書き換え ... 91
- 折りたたみのマークを画像に変える ... 94

第3章 サイドバーをプラグインでカスタマイズする　97

3-1 プラグインの基本操作 ... 98
- プラグインの概要 ... 98
- プラグインの設定を始める ... 98

CONTENTS

- プラグインを追加する 99
- プラグインの順序を入れ替える 103
- プラグインの設定を変える 104

3-2 リンク集を表示する 107
- リンクのプラグインの設定 107
- リンクの追加 108
- リンクの編集 109

3-3 メールフォームをつける 110
- メールフォームプラグインの設置 110
- メールフォームの利用 111

3-4 フリーエリアを使う 112
- フリーエリアプラグインを追加する 112
- フリーエリアの内容を設定する 113

3-5 アクセスカウンターを表示する 115
- FC2 カウンターの概要 115
- FC2 カウンターに登録する 115
- FC2 カウンターのプラグインを追加する 117
- カウンターの設定 119

3-6 時計を表示する 124
- NHK 時計のコードを入手する 124
- サイドバーに時計を表示する 126

3-7 メロメロパークを表示する 128
- メロメロパークに登録する 128
- サイドバーにメロを貼り付ける 131

第4章 FC2 ブログを各種のサービスと組み合わせる　135

4-1 ブログに地図を貼り付ける 136
- 地図のコードを作る 136
- 記事に地図を貼り付ける 138

4-2 YouTube の動画をブログに貼り付ける 140
- 動画を埋め込む 140
- サムネイルから動画へリンクする 143

4-3 Litebox で画像を格好良く表示する 146
- Litebox の概要 146
- Litebox をダウンロードする 147
- ファイルのアップロード 148

CONTENTS

  litebox.css ファイルの書き換え ... 149
  litebox-1.0.js の書き換え ... 150
  テンプレートの書き換え ... 152
  記事に画像を入れる ... 153
 4-4 サイドバーに掲示板をつける ... 155
  BlogToyBBS に登録する ... 155
  BlogToyBBS をサイドバーに入れる ... 160

第 5 章　ブログでお小遣いを貯める　161

 5-1 アフィリエイトの概要 ... 162
  アフィリエイト＝ホームページに広告を掲載して報酬を得る仕組み ... 162
  ASP と提携して広告を貼る ... 163
 5-2 Amazon アソシエイトに登録する ... 165
  登録の前に必要なこと ... 165
  登録を始める ... 165
  メールアドレスの入力 ... 166
  氏名等の入力 ... 167
  連絡先とサイトの情報を入力する ... 167
  アソシエイト ID のメモと支払方法の指定 ... 169
  審査結果を待つ ... 170
 5-3 マイショップ機能で広告を掲載する ... 171
  アソシエイト ID を登録する ... 171
  商品のカテゴリを設定する ... 172
  商品の検索と登録 ... 173
  商品の紹介記事を書く ... 175
 5-4 サイドバーに Amazon の広告を表示する ... 178
  サイドバー用の Amazon 関係のプラグイン ... 178
  Amazon 関係のプラグインを追加する ... 178
  表示する商品の数を設定する ... 181
 5-5 TrendMatch に登録する ... 183
  TrendMatch の概要 ... 183
  ユーザー登録を始める ... 183
  SaafID の登録 ... 184
  TrendMatch の登録を行う ... 186
  ブログの RSS を登録する ... 188
 5-6 サイドバーに TrendMatch の広告を表示する ... 191

RSS を選択する 191
広告のコードを作る 192
サイドバーに広告を貼り付ける 194

第 6 章　FC2 ブログの管理と設定　　197

6-1 モバイルでブログを見られるようにする 198
モバイル用のテンプレートを選ぶ 198
QR コードをサイドバーに表示する 201

6-2 モバイルから記事や写真を投稿する 203
モバイル用の管理ページを使う 203
モブログで写真を投稿する 204

6-3 一般のホームページを作って掲載する 207
ホームページの作成 207
ホームページの HTML ファイルをアップロードする 208
画像を含むホームページをアップロードする場合 209

6-4 特定の人にだけブログを公開する 210
環境設定のページを開く 210
特定の人にだけブログを公開する 211

6-5 コメントスパムへの対策 213
コメントを承認制にする 213
英数字だけのコメントを受け付けない 216

6-6 トラックバックスパムを防ぐ 218
トラックバックを承認制にする 218
英数字だけのトラックバックを受け付けない 221
自分のページにリンクしていないトラックバックを受けつけない 221

6-7 禁止ワードと禁止 IP アドレスを設定する 223
禁止ワードの設定 223
禁止 IP アドレスの設定 224

索引 226

本書を読み始める前に

この節では、本書が対象としている読者層や、読み進む前の注意点をまとめます。

本書が対象している読者層

本書は、FC2ブログのさまざまなカスタマイズ方法を紹介するものです。すでにFC2ブログでブログを書いていて、基本的な操作方法（記事の作成など）を一通り理解している方を対象としています。

これからFC2ブログを始めたいという方は、FC2ブログのサイトに「公式マニュアル」がありますので（画面1）、その中の以下の部分をお読みください。そして、FC2ブログにユーザー登録し、基本操作に慣れてから、本書を読むようにしてください。

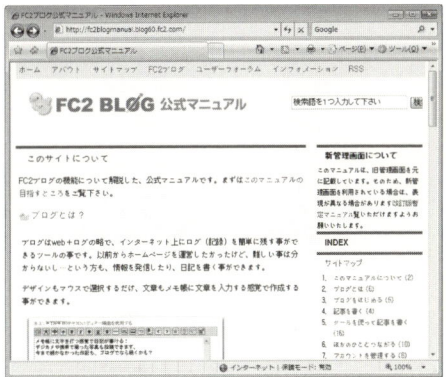

▼ 画面1　FC2ブログ公式マニュアル

- 「1. このマニュアルについて」
  URL http://fc2blogmanual.blog60.fc2.com/blog-category-0.html
- 「2. ブログとは」
  URL http://fc2blogmanual.blog60.fc2.com/blog-category-1.html
- 「3. ブログをはじめる」
  URL http://fc2blogmanual.blog60.fc2.com/blog-category-2.html
- 「4. 記事を書く」
  URL http://fc2blogmanual.blog60.fc2.com/blog-category-3.html
- 「5. ツールを使って記事を書く」
  URL http://fc2blogmanual.blog60.fc2.com/blog-category-42.html
- 「6. ほかのひととつながる」
  URL http://fc2blogmanual.blog60.fc2.com/blog-category-4.html

本書を読み始める前に

付録 PDF について

　本書に掲載しきれなかったカスタマイズ情報を、PDF ファイルで配布しています。以下のアドレスからダウンロードすることができます。

　URL http://www.1-fuji.com/fc2blogbook/customize.pdf

　なお、ダウンロードした PDF ファイルを読むには「Adobe Reader」というソフト（無料）をパソコンにインストールすることが必要です。
　Adobe Reader は以下のアドレスからダウンロードすることができます。

　URL http://www.adobe.com/jp/products/acrobat/readstep2.html

Sidebar Widget Changer について

　本書の第 3 章では、サイドバーをカスタマイズして、各種のブログパーツを表示する方法を紹介しています。ただ、ブログパーツを多数貼り付けると、ページが縦に長くなりますし、ページの表示が重くなるという問題もあります。
　そこで、サイドバー上の各種のパーツを切り替えて表示できるようにするツールとして、筆者のブログで「Sidebar Widget Changer」というものを公開しています。ぜひこちらもお使いください。Sidebar Widget Changer 関係の情報は、以下のアドレスでご覧いただくことができます。

　URL http://www.h-fj.com/blog/tag/Sidebar%20Widget%20Changer.php

1

HTMLとスタイルシートで記事の表現力を高める

ブログはホームページの1つの形態ですが、ホームページは「HTML」と「スタイルシート」によって作られています。ブログをカスタマイズする上では、HTMLやスタイルシートが重要な存在です。

第1章では、HTMLおよびスタイルシートの基本的な書き方を利用して、記事の表現力を高める方法を紹介します。

1-1 HTMLの基本

本章では記事をHTMLで書く方法を解説していきますが、そもそもHTMLとは何でしょうか？本章の第一歩として、HTMLの基本をマスターしておきましょう。

ホームページの仕組み

ホームページは、「HTML」という文法に沿って作られています。HTMLは「Hypertext Markup Language」の略で、写真やリンクなどを組み込んだ文書を作るための決まりのことです。

HTMLは文字で書かれたデータで、文字の中に「タグ」を入れて、ホームページの構造を決めていく仕組みになっています（タグについては後述）。Internet Explorer等のソフトは、HTMLを読み込んだら、タグの内容を判断して、それに沿った表示を行うようになっています。

ホームページのHTMLは、基本的には**リスト1.1**のような形になります。「<html>」から「</html>」までがホームページの全体を表します。また、「<head>」から「</head>」までは「ヘッダー」と呼ばれ、この部分にはホームページのタイトルなどの情報を入れます。そして、「<body>」から「</body>」までが、ホームページに実際に表示される内容を表します。

試しに、ご自分のブログのHTMLを見てみてください。Internet Explorerの場合、ブログを表示したあとで、画像以外の部分をマウスの右ボタンでクリックし、メニューの「ソースを表示」を選ぶと、そのページのHTMLが表示されます。HTMLを順に追っていくと、**リスト1.1**のような形になっていることがわかります。

ブログの記事は、HTMLのボディー部分（<body>と</body>の間）にあてはめられるようになっています。したがって、ボディー部分のHTMLの書き方を知っていれば、記事のHTMLを細かく書くことができます。

リスト1.1　基本的なホームページの構造

```
<!DOCTYPE……>
<html>
<head>
ヘッダー部分
</head>
<body>
ボディー部分
```

```
</body>
</html>
```

要素/タグ/属性について

　HTMLでよく使われる基本的な用語として、「要素」「タグ」「属性」があります。

　要素とは、HTMLを構成する個々の部分のことを指します。例えば、他のページへのリンクは1つの要素になりますし、また画像も1つの要素です。

　個々の要素は、**リスト1.2**のような書き方で表されます。「内容」は、要素の内容として表示する文章を表します。例えば、**リスト1.3**では「技術評論社」が要素の内容になります。

　内容の前後は、「開始タグ」と「終了タグ」で囲みます。「開始タグ」は、要素の先頭を表すものです。「<」と「>」で囲まれた部分で、それらの間にタグの名前を入れます。例えば、**リスト1.3**は他のページへのリンクの例ですが、これは「a」というタグですので、その開始タグは<a ……>のようになります。

　一方の「終了タグ」は、要素の最後を表すものです。終了タグも「<」と「>」で囲みますが、タグ名の前に「/」を入れて、要素が終わることを表すようにします。例えば、開始タグが「<a ……>」であれば、終了タグは「</a>」と書きます。

　また、「属性」は、タグの細かな動作を決めるものです。例えば、リンクの場合だと、リンク先のページのアドレスが必要にあります。これは「href」という属性で表すという決まりになっています。

リスト1.2　要素の表し方

```
<開始タグ 属性="値" 属性="値" ……>内容</終了タグ>
```

リスト1.3　要素の例（弊社サイトへのリンク）

```
<a href="http://www.gihyo.co.jp">技術評論社</a>
```

1-2 記事にHTMLを入れる

　FC2ブログの記事編集ページでは、記事にHTMLを入れることもできます。この節では、その方法を解説します。

改行の自動変換を行わないようにする

　HTMLでは、文章の中に改行を入れても、標準ではその位置で改行はされないようになっています。後の節で解説しますが、HTMLでは改行は「br」という要素で表されます。

　ただ、記事の中に改行を入れるたびに、手でbr要素を入力していては、非常に面倒です。そこで、FC2ブログの記事作成の機能では、標準では記事内の改行をbr要素に自動的に変換するようになっています。

　しかし、記事にHTMLを入れる場合、改行が自動的にbrに変換されてしまうと、HTMLの中に余計なbr要素が含まれてしまい、思い通りの表示を得られないことがあります。したがって、記事にHTMLを入力する場合は、基本的には改行をbr要素に自動変換しないようにしておく方が確実です。

● 記事ごとに改行の変換方法を設定する

　個々の記事ごとに、改行をbr要素に自動変換するかどうかを設定することができます。

　まず、管理者ページにログインして、新しい記事を作成する状態にします（または、既存の記事を編集する状態にします）。そして、そのページを下の方にスクロールしていき、「記事の設定」の部分を開きます。

　すると、その中に「改行の扱い」という項目があります。ここで「HTMLタグのみ」をオンにすると、その記事では改行はbr要素に変換されなくなります（**画面1.1**）。

1-2 記事に HTML を入れる

▼ **画面 1.1** 「記事の設定」の「改行の扱い」の項目で「HTML タグのみ」を選ぶと、改行は br 要素に変換されない

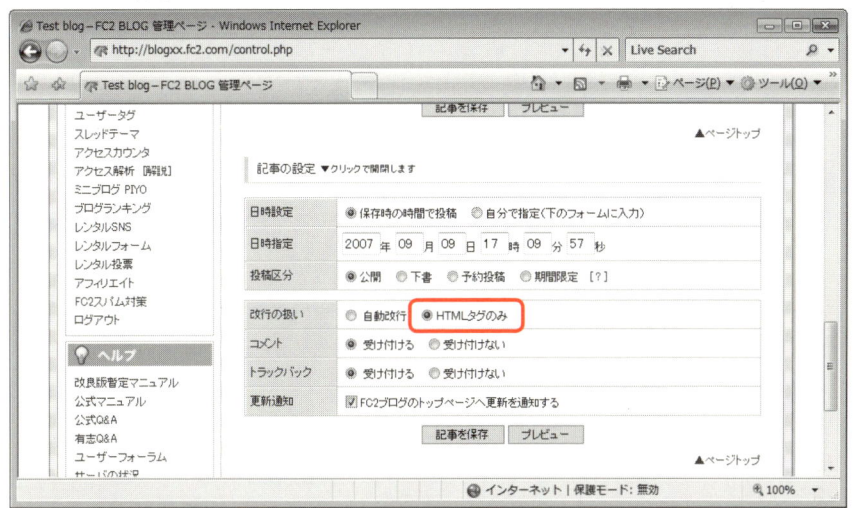

● **標準で改行を変換しないようにする**

　HTML を記事の中に入れる機会が多い場合、記事ごとに前述の手順で改行変換の設定を行うのは面倒です。そこで、標準で改行を変換しないように設定することもできます。手順は以下の通りです。

①管理者ページにログインします。
②ページ左端のメニューで、「環境設定」の中の「環境設定の変更」をクリックします。
③環境設定のページが開きますので、上端の方にある「ブログの設定」をクリックします（画面 1.2）。
④ページが切り替わりますので、そのページを下の方にスクロールし、「投稿設定」の箇所で、「自動改行」を「HTML タグ以外は無視」に設定し、「更新」ボタンをクリックします（画面 1.3）。

　これ以後に記事を新規作成すると、「記事の設定」の「改行の扱い」の項目は、自動的に「HTML タグのみ」に設定されます（**画面 1.1** を参照）。
　また、自動改行機能を使いたい記事では、前述の**画面 1.1** で「改行の扱い」を「自動改行」に設定します。

第1章　HTMLとスタイルシートで記事の表現力を高める

▼**画面1.2**　環境設定の「ブログの設定」を開く

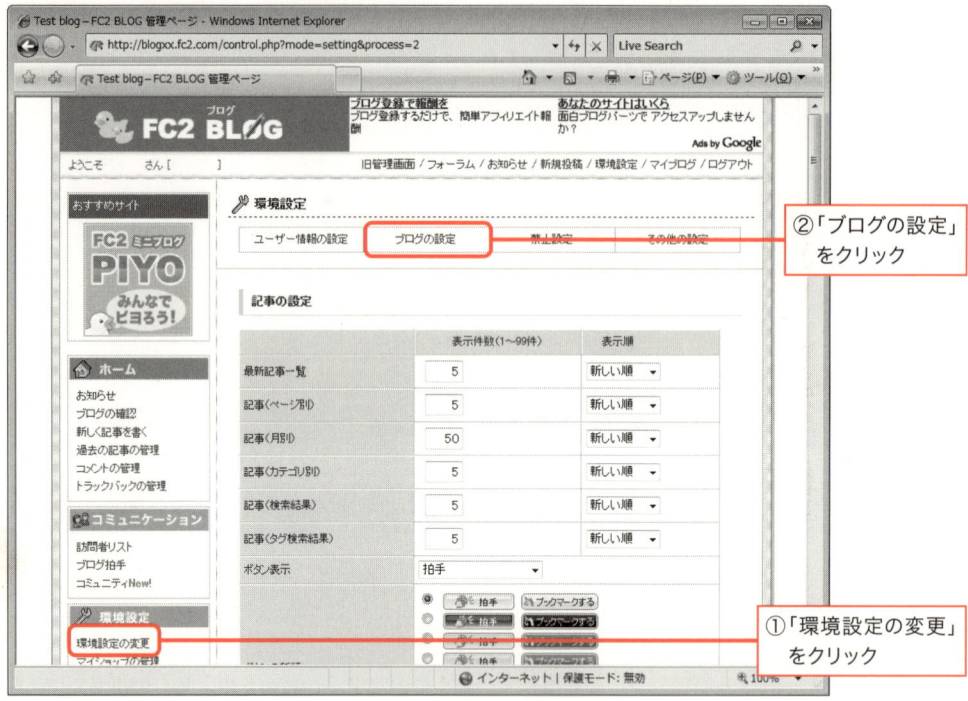

▼**画面1.3**　「自動改行」を「HTMLタグ以外は無視」に設定する

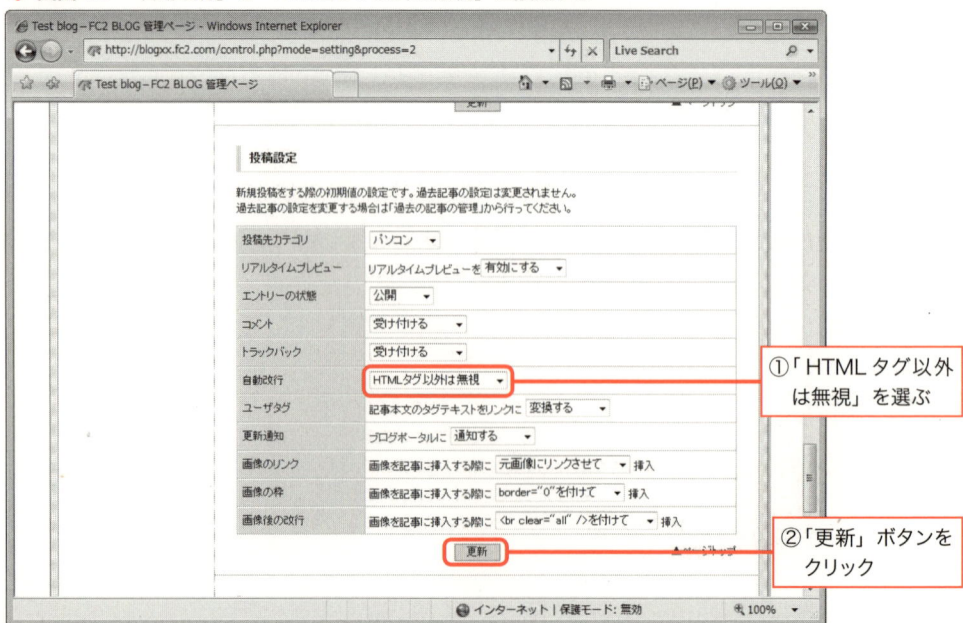

標準モードで記事にHTMLを入れる

　FC2ブログの標準の設定では、記事の入力画面は標準では**画面1.4**のようなものになります。本書では、この画面を「標準モード」と呼ぶことにします。標準モードでは、記事の入力欄にHTMLを入力することができるようになっています。

　入力欄の上にはボタンがいくつか並んでいますが、これらのボタンを使うと、一部のHTMLを記事に入力することができます。このボタンの部分のことを、本書では「ツールバー」と呼ぶことにします。

　また、記事にHTMLを入力すると、ツールバーの上の部分に、そのHTMLのプレビューが表示されるようになっています。このプレビューを見ることで、入力中のHTMLが正しいかどうかを確認することができます。

▼ **画面1.4**　標準モードの記事入力画面

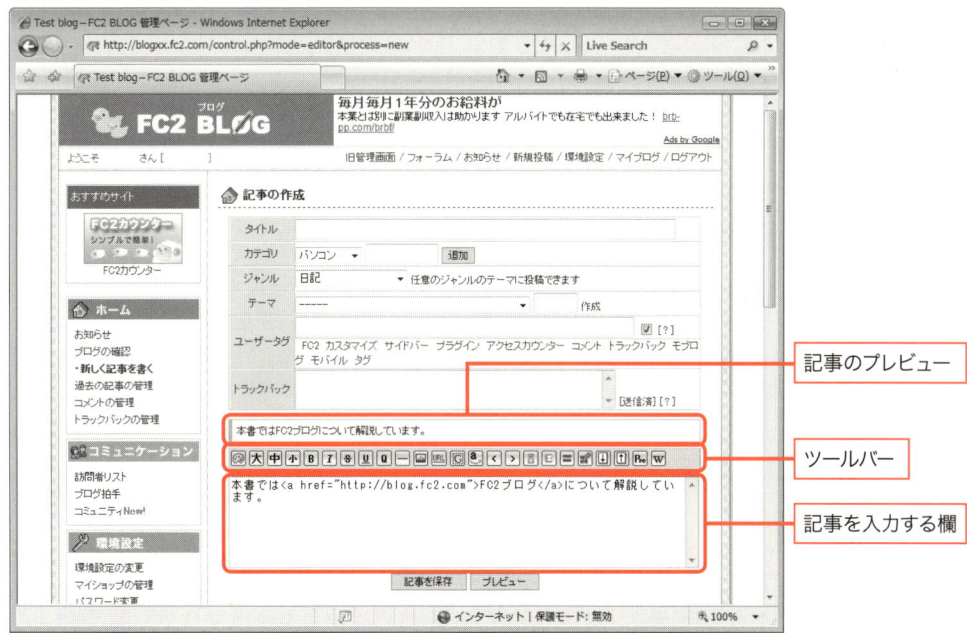

高機能テキストエディタを使う

　HTMLではタグを使ってホームページを作っていきます。ただ、タグは文字の羅列で、タグを直接入力してホームページを作るには、ある程度の慣れが必要です。そこで、タグを入力するのではなく、ワープロのような感覚でホームページを作っていくことができると便利です。

第1章　HTMLとスタイルシートで記事の表現力を高める

　FC2ブログでは、「高機能テキストエディタ」という機能で、記事を作ることができます。高機能テキストエディタでは、記事の入力欄の上に多数のボタンが表示され、それらのボタンを使って各種の装飾を行うことができ、それに対応するHTMLを自動的に入力することができます。また、文字色や文字サイズなどの装飾を行うと、その場でその通りに表示されるようになっています。

　ツールバーの右端に「W」の絵柄のボタンがありますが、それをクリックすると、高機能テキストエディタがオンになります（画面1.5）。

　なお、「W」の絵柄のボタンをもう一度クリックすると、高機能テキストエディタがオフになり、標準モードに戻ります。

▼ **画面1.5**　高機能テキストエディタの表示例

ソース編集モードに切り替える

　高機能テキストエディタは便利ですが、テンプレートの種類によっては、高機能テキストエディタで作った記事が正しく表示されないことがあります。

　例えば、**画面1.5**のように記事を入力したとします。これを、FC2公式テンプレートの「Girlish」にあてはめて表示すると、**画面1.6**のような表示になりました。**画面1.5**では文字サイズを大きくし

ている箇所がありますが、画面 1.6 では文字サイズが反映されていません。

　また、高機能テキストエディタは、HTML のすべてのタグに対応しているわけではありません。さらに、後述する「スタイルシート」を使いたい場合も、高機能テキストエディタでは対応が十分ではありません。

　このように、高機能テキストエディタだけでは、望みどおりの表示を得られないこともあります。そのようなときには、記事の HTML を直接に書き換えたり、またスタイルシートを書き加えたりすることで、表示を変えるようにします。

　高機能テキストエディタの左上に、「ソース」というボタンがあります。このボタンをクリックすると、HTML のタグを直接に入力するモード（ソース編集モード）になります（画面 1.7）。このモードを使えば、タグを書き換えたり、スタイルシートを書き加えたりすることができます。また、再度「ソース」のボタンをクリックすれば、高機能テキストエディタに戻ります。

　ただし、ソース編集モードでは、高機能テキストエディタの各種のボタンを使うことはできません。高機能テキストエディタで記事をおおむね仕上げておいて、ソース編集モードで細かな調整を行うようにすると良いでしょう。

　なお、Firefox（囲み参照）でソース編集モードにすると、別ウィンドウが開いて、そちらにソースが表示されます。

▼**画面 1.6**　画面 1.5 の記事を「Girlish」テンプレートで表示したところ。文字サイズが反映されていない

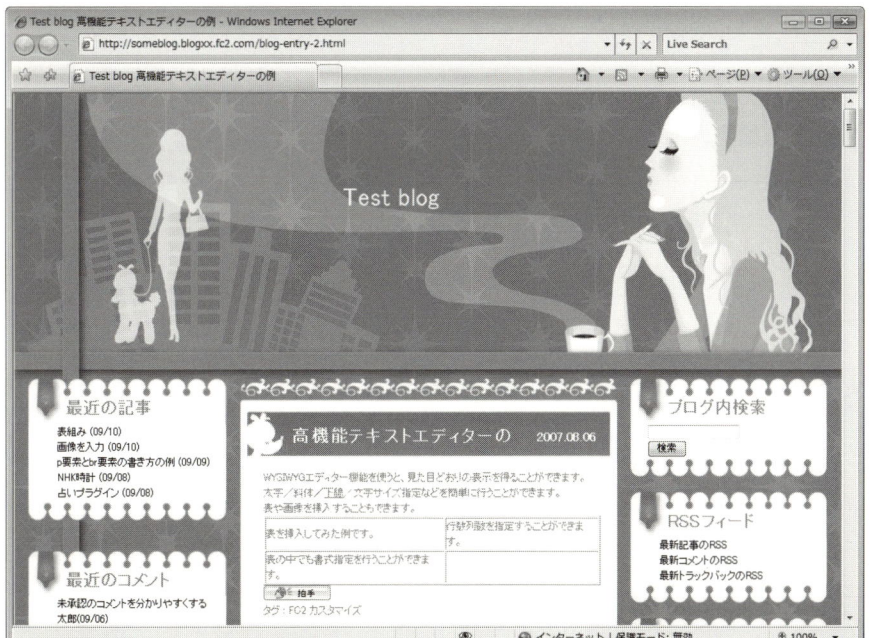

第1章 HTMLとスタイルシートで記事の表現力を高める

▼ **画面1.7** ソース編集モードでHTMLを直接に入力することができる

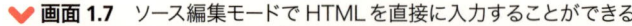

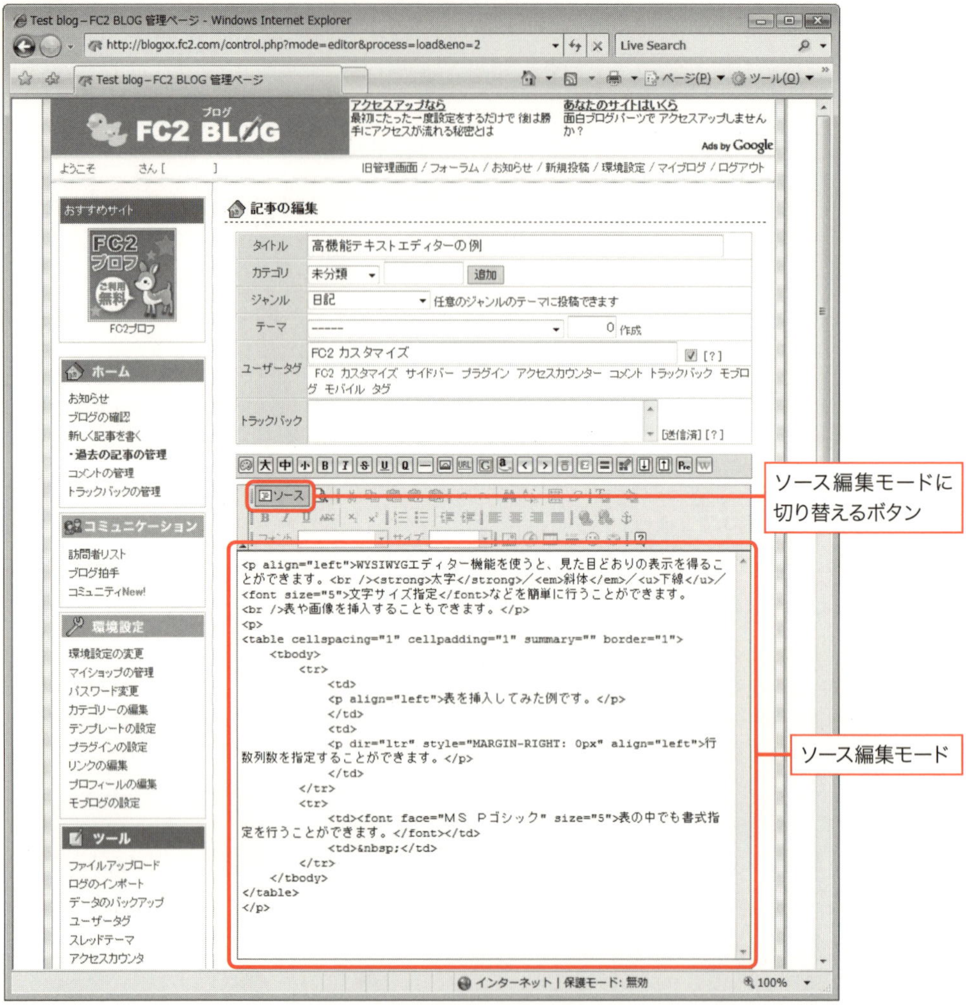

💡 Firefox

　ホームページを見るためのソフトを総称して、「Web ブラウザ」と呼びます。Windows のパソコンには、Web ブラウザとして「Internet Explorer」が標準でインストールされています。

　Internet Explorer 以外の Web ブラウザの中で、「Firefox」も人気が高いです（画面 1.8）。Firefox は以下のサイトで配布されています。

URL http://www.mozilla-japan.org

　ご自分のブログの読者の中に、Firefox をメインに使っている方がいることもあり得ます。ブログをカスタマイズしたら、Internet Explorer だけでなく、Firefox でも表示できるかどうかを確認することをお勧めします。

▼ 画面 1.8　Firefox

1-3 主なHTMLの要素の書き方

　HTMLにはいろいろな要素がありますが、この節では特によく使う要素を取り上げて、記事に入力する方法を解説します。

段落と改行を表す要素

　要素の中で特によく使うものとして、段落を表す「p要素」と、改行を表す「br要素」があります。

　段落は、ひとまとまりの文章を表すものです。通常のHTMLの表示では、段落の前後には空白があくようになっていて、前後の段落と区切られます。

　また、改行は行を変えて次の行から表示する際に使います。HTMLでは、ワープロ等の文章とは違って、Enterキーを押して改行を入れても、改行にはなりません。その代りに、改行を入れたい位置に「
」というタグを入れます。

　例えば、以下のように文章を表示したいとします。また、最初の2行と後の1行は別の段落にしたいとします。この文章をHTMLで表すには、p要素とbr要素を使って**リスト1.4**のように書きます。

今日は晴れでした。
気温が上がって暑かったです。

明日は天気が悪くなるようです。

リスト1.4　p要素とbr要素の書き方の例
```
<p>今日は晴れでした。<br />気温が上がって暑かったです。</p>
<p>明日は天気が悪くなるようです。</p>
```

●標準モード／ソース編集モードで入力する

　7ページで解説したように、標準モードやソース編集モードでは、記事にHTMLをそのまま入力することができます。例えば、標準モードで、上にあげた**リスト1.4**を入力すると、**画面1.9**のようになります。

　また、実際に**リスト1.4**のHTMLを記事に入力し、その記事を保存して表示してみると、**画面1.10**のようになります。

1-3 主なHTMLの要素の書き方

▼ 画面1.9　標準モードでHTMLを入力した例

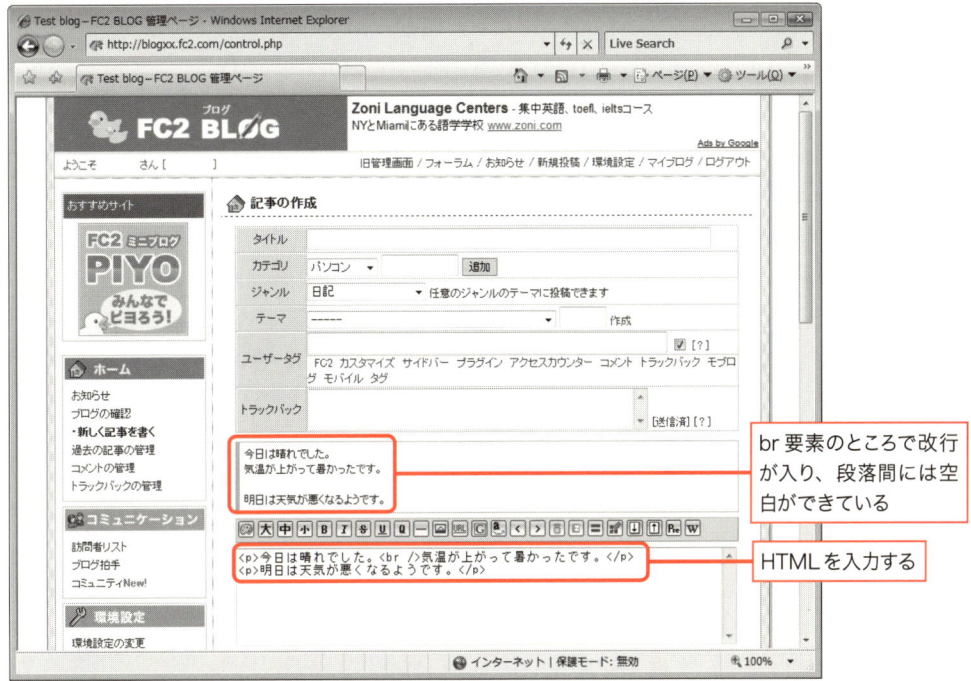

▼ 画面1.10　リスト1.4の記事を保存して表示した例

第1章 HTMLとスタイルシートで記事の表現力を高める

● 高機能テキストエディターでの改行の入力

前述したように、高機能テキストエディターで記事をある程度作っておいてから、ソース編集モードにしてHTMLを調節すると、作業がやりやすいです。そこで、高機能テキストエディターが作り出すHTMLを知っておくと便利です。

高機能テキストエディターで文章を入力すると、改行はbr要素に自動的に変換されるようになっています。文章を入力した後で、ソース編集モード（8ページ参照）に切り替えれば、改行がbr要素に変換されることが分かります（画面1.11）。

また、Internet Explorerでは、記事の文章がp要素で囲まれるようになっています。ただ、文章を自動的に段落に分けるような機能はないようです。文章を段落に分けたい場合は、文章を入力した後でソース編集モードに切り替え、<p>と</p>のタグを適宜入れていくようにします。

▼**画面1.11** 高機能テキストエディターで文章を入力したところ

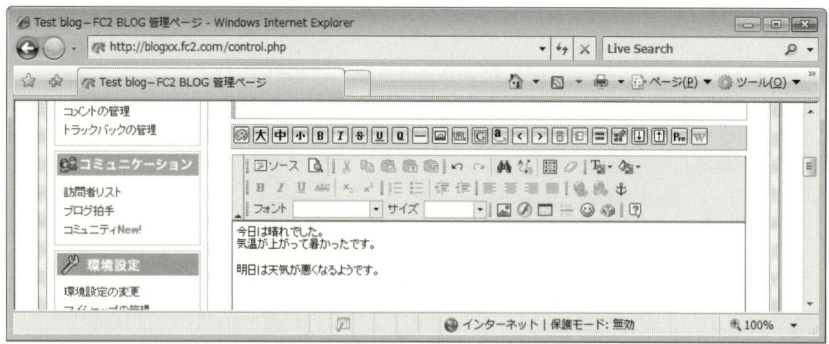

▼**画面1.12** 画面1.11でソース編集モードに切り替えたときの表示

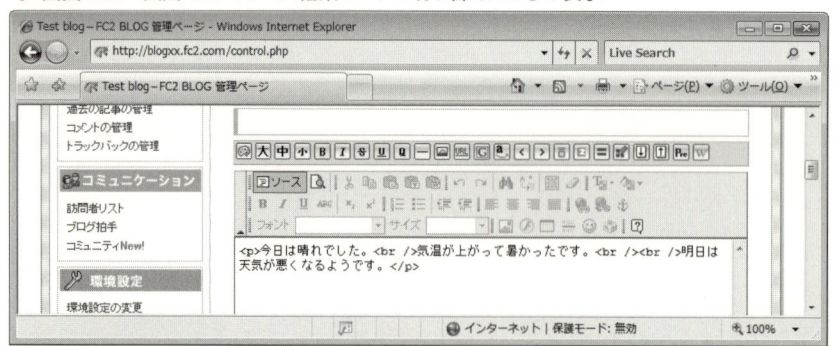

1-3 主なHTMLの要素の書き方

他のページへリンクする

ホームページ（ブログ）では、他のページへのリンクを入れることが非常に多いです。リンクは「a」という要素で表されます。

● a 要素の基本的な書き方

a要素の基本的な書き方は、**リスト1.5**のようになります。

例えば、「Yahoo!」の文字をクリックしたときに、Yahoo!のトップページ（http://www.yahoo.co.jp/）に移動するようにしたいとします。この場合、a要素を**リスト1.6**のように書きます。

リスト1.5　a 要素（リンク）の書き方
```
<a href="リンク先のアドレス">リンクにする文章</a>
```

リスト1.6　Yahoo! のトップページにリンクする
```
<a href="http://www.yahoo.co.jp/">Yahoo!</a>
```

● リンク先のページを別のウィンドウで開く

リスト1.6のようにa要素を入力すると、リンク先のページは現在開いているウィンドウにそのまま表示されます。

一方、現在のウィンドウではなく、別のウィンドウを開いて、そちらにリンク先のページを表示したい場合もよくあります。そのようなときには、a要素に「target="_blank"」という属性を追加します。

例えば、**リスト1.7**のようにHTMLを入力すると、「Yahoo!」の文字がクリックされたときに、別のウィンドウが開いてYahoo!のトップページが表示されます。

リスト1.7　Yahoo! のトップページを別ウィンドウで開く
```
<a href="http://www.yahoo.co.jp/" target="_blank">Yahoo!</a>
```

● 標準モードでリンクを入力する

リンクはよく使いますので、リンクを入力するための機能が用意されています。

標準モードでは、リンクを設定したい部分をマウスで選択しておいてから、ツールバーの「URL」のボタンをクリックします（**画面1.13**）。すると、リンクを入力する欄が表示されますので、「アドレス」の欄にリンク先のアドレスを入力します。また、リンク先を新しいウィンドウで開くかどうかも選びます（**画面1.14**）。

第1章　HTMLとスタイルシートで記事の表現力を高める

▼**画面 1.13**　リンクを設定したい文字を選択して、「URL」のボタンをクリックする

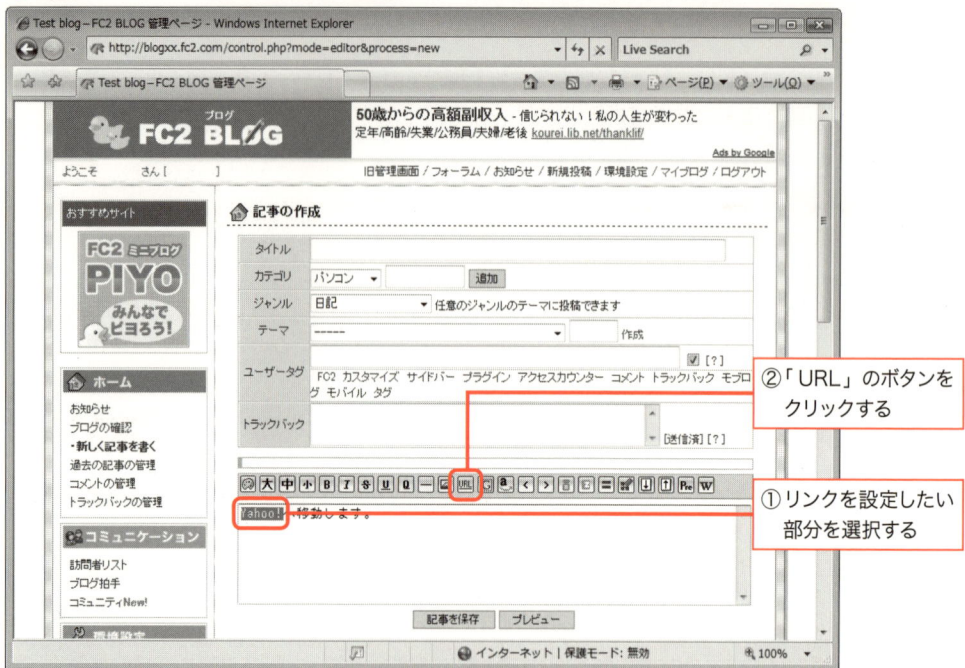

▼**画面 1.14**　リンク先のアドレスと表示先のウィンドウを選ぶ

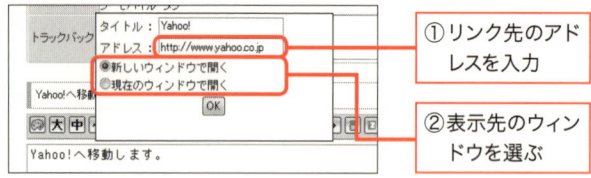

● 高機能テキストエディターでリンクを入力する

　一方、高機能テキストエディターをオンにしている場合は、ツールバーに多数のボタンがありますが、上から2段目の右から3番目に、「リンク挿入／編集」というボタンがあります（地球と鎖の絵柄、**画面 1.15**）。

　リンクを設定したい文章を選択した後で、このボタンをクリックします。すると、「ハイパーリンク」の画面が開きますので、「URL」の欄にリンク先のアドレスを入力します（**画面 1.16**）。

　また、この画面で「ターゲット」のタブをクリックすると、target属性を指定することもできます。「ターゲット」の欄で「新しいウィンドウ (_blank)」を選ぶと、「target="_blank"」の属性をつけることができます（**画面 1.17**）。

▼ 画面 1.15　リンクを設定したい部分を選択して、「リンク挿入／編集」ボタンをクリック

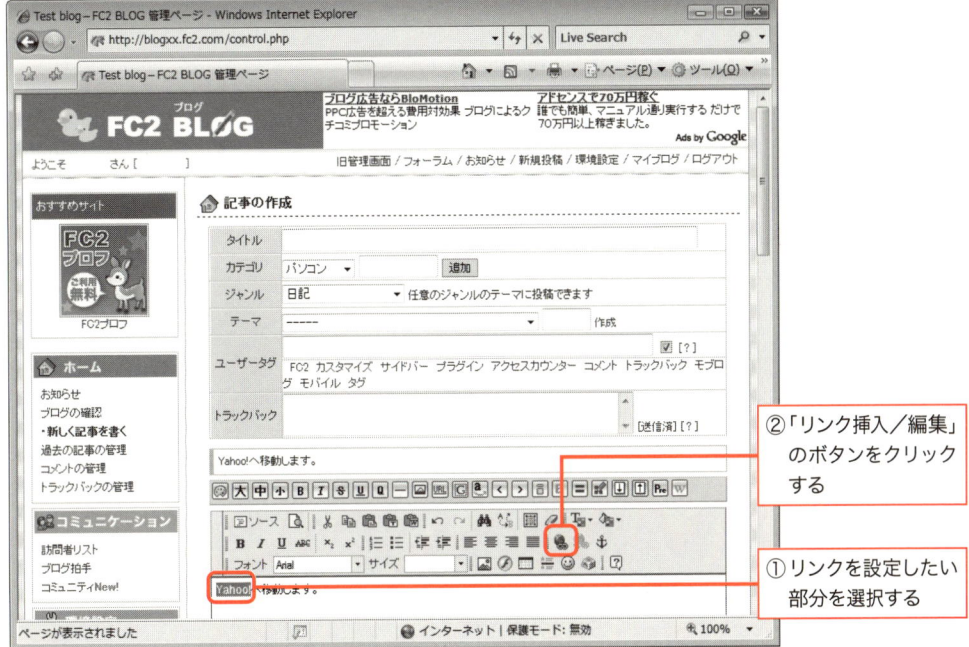

▼ 画面 1.16　リンク先のアドレスを入力する

第1章 HTMLとスタイルシートで記事の表現力を高める

▼**画面1.17** リンク先のターゲットを指定することもできる

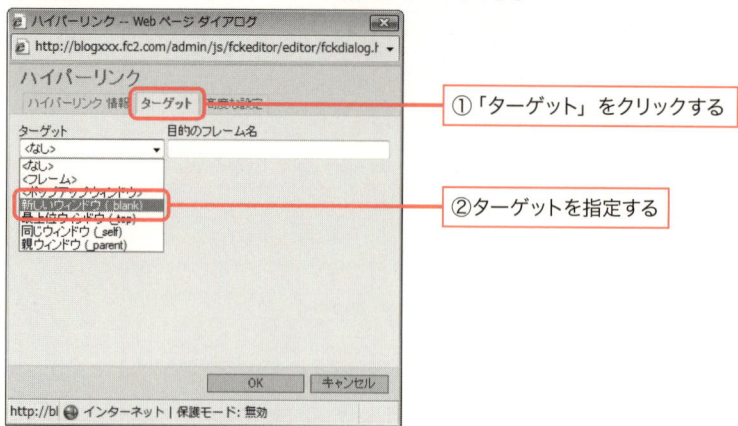

画像を表示する

記事に写真やイラスト等の画像を表示することもできます。画像は「img」という要素で表されます。

画像をアップロードする

記事に画像を入れる場合、まずその画像をFC2のサーバーに送信（アップロード）することから始めます。

画像等のファイルをアップロードするには管理ページの「ツール」にある「ファイルアップロード」をクリックし、アップロードのページを開きます。すると、アップロードのページが表示されますので、ページ先頭の方の「ファイル」欄の右にある「参照」のボタンをクリックして、アップロードするファイルを選びます。また、「タイトル」の欄には、画像のタイトルや説明文を入力します。

さらに、画像（JPEG／GIF／PNG形式）をアップロードする際には、その画像のサムネイル（元の画像を縮小したもの）を同時に作ることもできます。それには、「サムネイル」の欄の「同時に作成する」のチェックをオンにします（**画面1.18**）。

ファイルを指定したら、「アップロード」のボタンをクリックします。しばらくするとアップロードが終わり、「ファイル一覧」の部分に、アップロード済みの画像が一覧表示されます。

▼ 画面1.18　アップロードするファイルを指定する

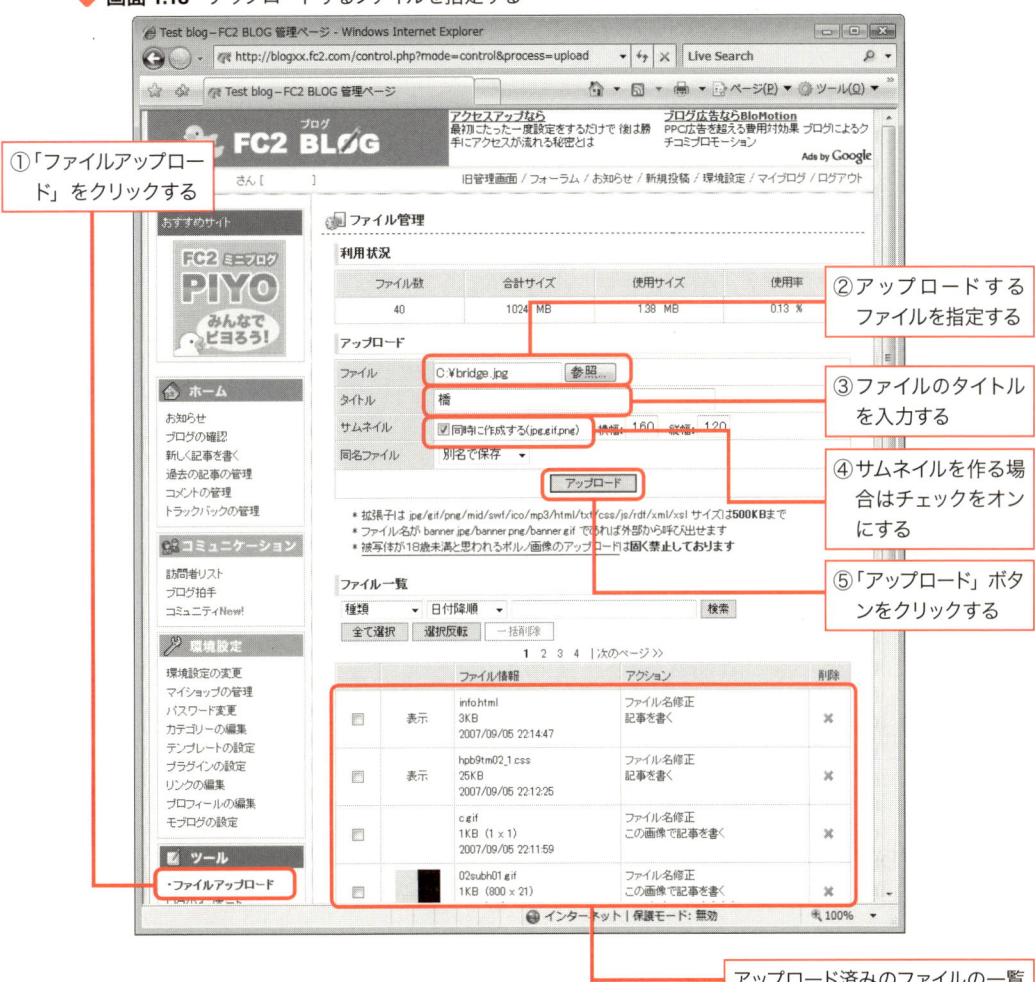

● 画像のアドレスを調べる

　img要素で画像を記事に表示する際には、その画像のアドレスを指定します。そこで、アップロードした画像のアドレスを調べます。

　画面1.18のファイル一覧の箇所で、アドレスを調べたい画像をクリックすると、その画像が別ウィンドウに表示されます。その際に、そのウィンドウのアドレス欄に画像のアドレスが表示されますので、それをコピーします（**画面1.19**）。

第1章 HTMLとスタイルシートで記事の表現力を高める

▼ **画面 1.19** 画像のアドレスをコピーする

● img 要素の書き方

画像のアップロードが終わったら、記事に img 要素を入れて、画像を表示できるようにします。img 要素の書き方は、**リスト 1.8** のようになります。

「代替テキスト」の箇所には、画像の内容を表すような文章を入れます。サーバーのトラブルで画像が読み込めない場合などには、画像の変わりに代替テキストが表示されます。

例えば、「tokyotower.jpg」という画像ファイルをアップロードして、そのアドレスが「http://someblog.blogxx.fc2.com/file/tokyotower.jpg」になったとします。また、画像のサイズは、1024×768 ピクセルだとします。さらに、その画像の代替テキストとして「東京タワー」と表示したいとします。この場合、img 要素は**リスト 1.9** のように書きます。

リスト 1.8 img 要素の書き方

```
<img src=" 画像のアドレス " width=" 画像の幅 " height=" 画像の高さ " alt=" 代替テキスト " />
```

リスト 1.9　img 要素の例

```
<img src="http://someblog.blogxx.fc2.com/file/tokyotower.jpg" width="1024" height="768"
alt="東京タワー" />
```

● 高機能テキストエディターで img 要素の HTML を入力する

　画像もよく使いますので、高機能テキストエディターでは、画像（img 要素）の HTML を入力することができるようになっています。

　ツールバーの一番下の段に、「イメージ挿入／編集」のボタン（山の絵のようなアイコン）があります。これが画像を入力するためのボタンです（画面 1.20）。このボタンをクリックすると、「イメージプロパティ」という画面が開きます。

　「URL」の欄には、画像のアドレスを入力します。また、「代替テキスト」の欄には、画像の代わりに表示する代替テキストを入力します。

　「幅」「高さ」の欄の右に、矢印が一回転した絵のボタンがあります。そのボタンをクリックすると、画像のサイズが自動的に読み込まれ、「幅」と「高さ」の欄にそれらの数値が入力されます（画面 1.21）。

　また、「幅」や「高さ」に自分で数値を入力すると、画像はそのサイズに拡大／縮小されて表示されます。大きな画像をそのままブログに表示すると、テンプレートによってはページのレイアウトが乱れることもありますので、画像のサイズは横 300 ピクセルぐらいまでに縮小しておく方が無難です。

　ここまでを終えて「OK」ボタンをクリックすると、記事に img 要素の HTML が入力され、画像が表示されます（画面 1.22）。また、ソース編集モードにすれば、画像の HTML を見ることができます（画面 1.23）

　なお、本書執筆時点では、標準モードでは画像の HTML を簡単に入力する機能がないようでした。

▼ **画面 1.20**　「イメージ挿入／編集」ボタンをクリックする

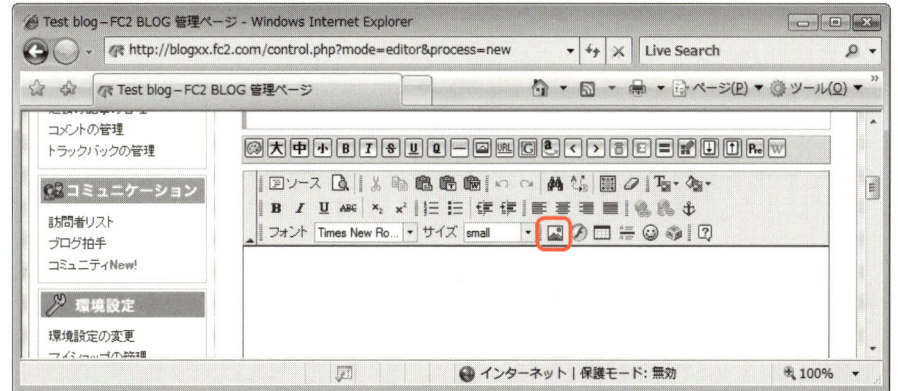

第 1 章　HTML とスタイルシートで記事の表現力を高める

▼ **画面 1.21**　画像の URL 等を入力する

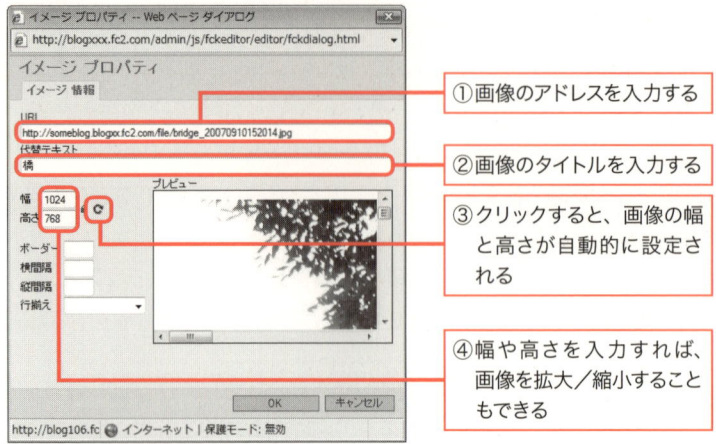

▼ **画面 1.22**　画像が記事に入力された

▼ **画面 1.23**　画面 1.22 をソース編集モードに切り替えると、画像の HTML を見ることができる

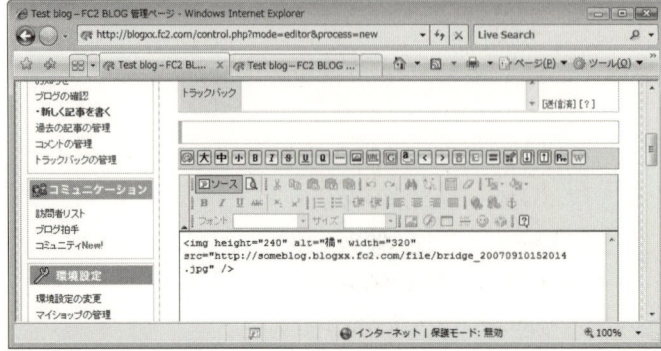

表組みを表示する

ページの中に表を入れたいこともあります。表は「table」などの要素で表されます。表は、これまでの要素と比べると、書き方がやや複雑になります。

● 表の要素の作り方

表は行と列からできていますが、行は「tr」という要素で表されます。また、各行にはいくつかの列がありますが、それぞれの列は「td」という要素で表されます。

そして、表全体は「table」という要素で表されます。table要素では、「border」という属性で罫線の太さを指定します。また、table要素の先頭には「<tbody>」というタグを入れ、最後には「</tbody>」のタグを入れます（**リスト1.10**）。

td要素の中には、表のそれぞれのマス目に表示する内容を入れます。文字を入れることはもちろん、リンク（a要素）や画像（img要素）など、たいていの要素を入れることができます。

例えば、**表1.1**のような表を記事に表示したいとします。これをtable要素で表すと、**リスト1.11**のようになります。

なお、**リスト1.11**をみると、1行目の1列目のマス目に「 」というものがありますが、これは空白を表します。「<td>」と「</td>」のタグの間に何も入れなければ、そのマス目には何も表示されません。しかし、それだとそのマス目には罫線が引かれないようになっています。そこで、空白を表す「 」を入れています。

リスト1.10　表の書き方

```
<table border=" 罫線の太さ ">
    <tbody>
        <tr>
            <td>1 行目の 1 列目のマス目に表示する内容 </td>
            <td>1 行目の 2 列目のマス目に表示する内容 </td>
            ……
            <td>1 行目の最後の列のマス目に表示する内容 </td>
        </tr>
        <tr>
            <td>2 行目の 1 列目のマス目に表示する内容 </td>
            <td>2 行目の 2 列目のマス目に表示する内容 </td>
            ……
            <td>2 行目の最後の列のマス目に表示する内容 </td>
        </tr>
        ……
        <tr>
            <td> 最後の行の 1 列目のマス目に表示する内容 </td>
```

```
        <td> 最後の行の 2 列目のマス目に表示する内容 </td>
        ……
        <td> 最後の行の最後の列のマス目に表示する内容 </td>
    </tr>
  </tbody>
</table>
```

▼ **表 1.1**　表の例

	大人	子供
男	1,000 円	500 円
女	800 円	400 円

リスト 1.11　表 1.1 を HTML で表したもの

```
<table border="1">
    <tbody>
        <tr>
            <td> </td>
            <td> 大人 </td>
            <td> 子供 </td>
        </tr>
        <tr>
            <td> 男 </td>
            <td>1,000 円 </td>
            <td>500 円 </td>
        </tr>
        <tr>
            <td> 女 </td>
            <td>800 円 </td>
            <td>600 円 </td>
        </tr>
    </tbody>
</table>
```

● **高機能テキストエディタで表の HTML を簡単に入力する**

　高機能テキストエディタを使うと、表の HTML を簡単に入力することができます。

　ツールバーの一番下の段に、「テーブル挿入／編集」というボタンがあります（表の絵柄、**画面 1.24**）。これをクリックすると、「テーブルプロパティ」という画面が開きますので、以下の各項目を設定して、「OK」ボタンをクリックします（**画面 1.25**）。

① 「行」「列」
　表の行数／列数を指定します。
② 「テーブル幅」
　表の幅を固定したい場合は、「テーブル幅」の欄にその幅を入力します。一方、表の内容に応じて幅が変化するようにしたい場合は、「テーブル幅」の欄を空欄にします。
③ 「ボーダーサイズ」
　表に罫線を表示したい場合は、「1」を入力します。一方、罫線を表示しない場合は、この欄に「0」を入力します。
　なお、次の節で「スタイルシート」を紹介しますが、スタイルシートで表の罫線を指定することもできます。その場合は、この欄に「0」を入力します。
④ 「セル内余白」「セル内間隔」
　「セル内余白」では、セルの内容と罫線との余白を指定します。また、「セル内間隔」では、セルとセルの間の間隔を指定します。ただ、本書執筆時点では、この両者が逆になっているようでした。

　表の入力が終わると、高機能テキストエディタに表が表示されますので、表の中に文字等を入力していきます（画面1.26）。また、ソース編集モードにすると、表のHTMLを見ることもできます（画面1.27）。

▼ **画面1.24**　「テーブル挿入／編集」のボタンをクリックする

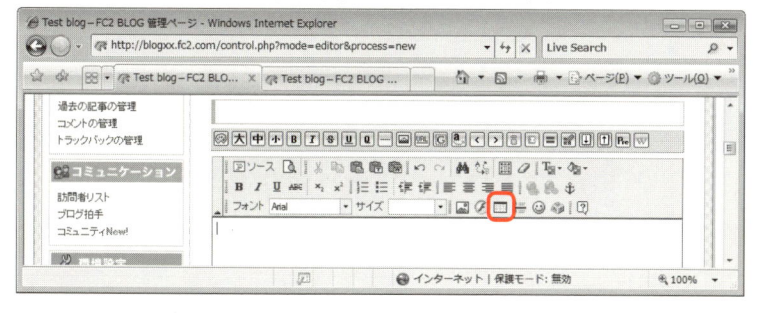

▼ **画面1.25**　表の設定

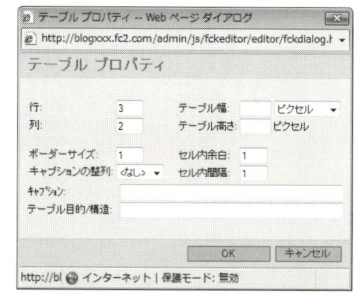

第 1 章　HTML とスタイルシートで記事の表現力を高める

▼ **画面 1.26**　表の中に文字や画像を入れることができる

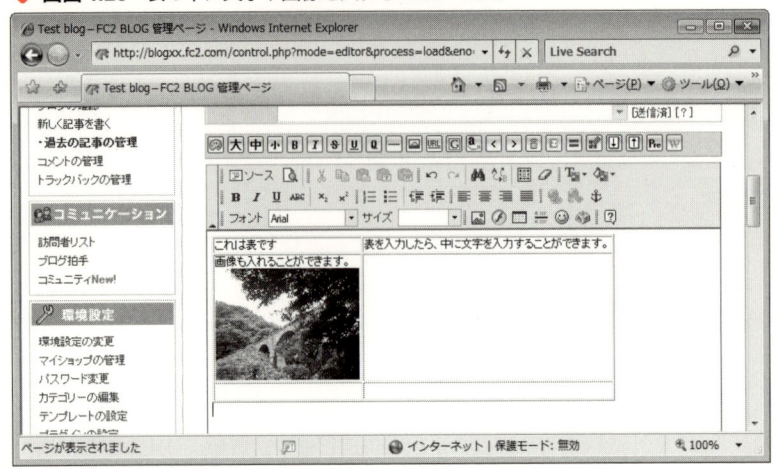

▼ **画面 1.27**　画面 1.26 をソース編集モードに切り替えて、表の HTML を表示したところ

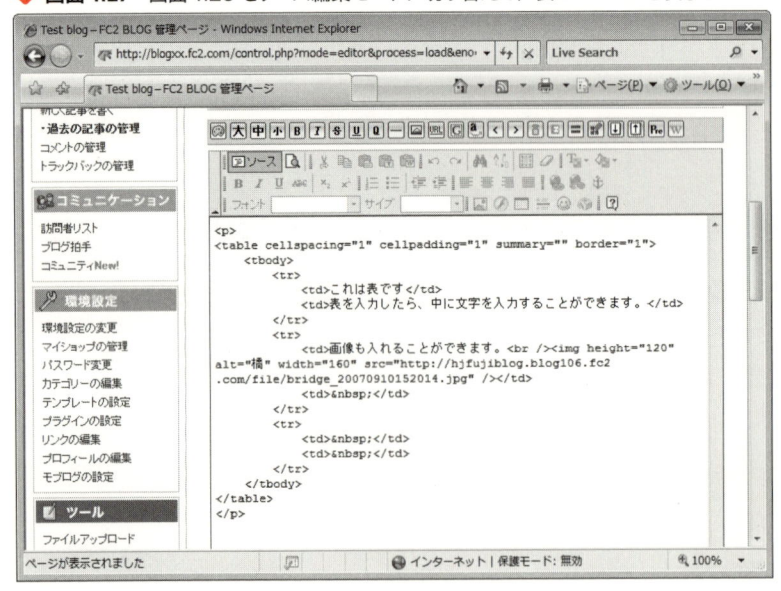

👉 表を段落の外に出す

　画面 1.27 の HTML をみると、表（table 要素）が段落（p 要素）の中に入っています（リスト 1.12）。ただ、厳密には、このような書き方は正しくありません。リスト 1.13 のように、表（table 要素）の前後をそれぞれ別の段落にして、表は段落（p 要素）の外に出すべきものです。

　もっとも、段落の中に表が入っていても、Internet Explorer 等は表を表示するようになっています。

📄 リスト 1.12　段落の中に表がある

```
<p>
……（段落の文章）……
<table>
……（表の内容）……
</table>
……（段落の文章）……
</p>
```

📄 リスト 1.13　表を段落の外に出す

```
<p>
……（段落の文章）……
</p>
<table>
……（表の内容）……
</table>
<p>
……（段落の文章）……
</p>
```

1-4 スタイルシートで記事のデザインをカスタマイズする

　ホームページの構造はHTMLで決まりますが、デザインは「スタイルシート」で決まります。この節では、基本的なスタイルシートを使って、記事内の文字などのデザインを変える方法を紹介します。

スタイルシートの概要

　スタイルシートは、文字色／背景色／文字サイズ／フォントなど、要素の書式を設定するのに使います。

● 書式の設定先
書式を設定する対象としては、以下のようなものがあります。

①特定の要素
　ホームページは多数の要素から構成されますが、その中の特定の1つの要素だけに、スタイルシートを設定することができます。

②ある要素すべて
　例えば、「ページ内のすべてのp要素（段落）で、背景色をピンクにする」というように、ある要素すべてに同じ書式を設定することもできます。

③クラス
　「クラス」というものを定義して、そのクラスを割り当てたすべての要素に、同じ書式を設定する、といったこともできます。
　例えば、「『new』というクラスを割り当てたp要素では、周囲に赤い罫線を引く」といったことができます。

● 要素のstyle属性でスタイルシートを設定する
　この節では、記事内の特定の要素にスタイルシートを設定する方法を解説します。この場合、対象の要素に「style」という属性をつけます。style属性は、**リスト1.14**のような書き方をします。
　「プロパティ」は、書式の種類のことです。例えば、文字の色は「color」というプロパティで表されます。また、文字のサイズは「font-size」というプロパティで表されます。

また、「値」には、プロパティに設定する値を指定します。プロパティごとに設定できる値が決まっています。

例えば、記事のHTMLとして**リスト1.15**を入力するとします（**画面1.28**）。このHTMLはp要素（段落）で、style属性を指定しています。「color：#ff0000;」によって文字の色が赤になり、「background-color：#ffcccc;」によって背景色がピンク色になります（**画面1.29**）。

この節のここから後では、具体的な例を元に、スタイルシートを設定する方法を解説していきます。なお、前述の②（ある要素すべて）や、③（クラス）は、記事ではなく、スタイルシートのテンプレートに設定します。その手順は第2章で紹介します。

📄 リスト1.14　style属性の書き方

```
style="プロパティ：値；プロパティ：値；……；プロパティ：値；"
```

📄 リスト1.15　style属性を指定したp要素の例

```
<p style="color : #ff0000; background-color : #ffcccc;">この段落は、背景がピンク色で文字が赤色になります。</p>
```

▼ **画面1.28**　リスト1.15を記事に入力した例

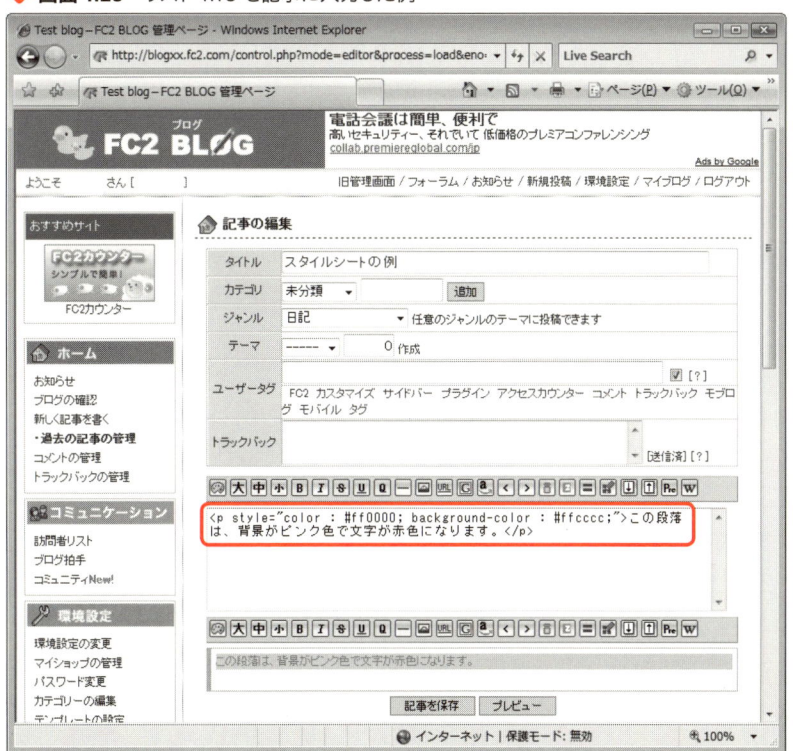

29

▼ 画面 1.29　style 属性に沿って文字色と背景色が設定されている

特定の文字にスタイルシートを設定する —— span 要素

　ここまでで説明したように、スタイルシートは要素単位で設定します。ところが、文字単位でスタイルシートを設定したいこともよくあります。例えば、段落（p 要素）の中で、ある 1 文字だけ色を変える、といったことを行うこともあり得ます。

　このように、特定の文字にスタイルシートを設定したい場合、その文字の前後を「」と「」のタグで囲んで、独立した要素にします。

　例えば、記事に**リスト 1.16** の HTML を入力したとします。この例では、「書式」という文字を span 要素にして、style 属性をつけて、文字色（color）を白、背景色（background-color）を赤にしています。

　この記事を実際に表示すると、**画面 1.30** のようになります。「書式」の文字の色が白で、背景が赤になっています。

📄 リスト 1.16　span 要素の例

```
<p> スタイルシートを設定することで、文字の色など、さまざまな <span style="color : #ffffff; background-color : #ff0000;"> 書式 </span> を設定することができます。</p>
```

▼ **画面 1.30** span 要素を使って特定の文字の書式を変えた例

文字色と背景色を指定する ── color プロパティ／ background-color プロパティ

　ここまでで、文字色と背景色を変える例をいくつか紹介しました。その例にあったように、文字色と背景色は、それぞれ「color」と「background-color」というプロパティで指定します。

　色を指定する方法には、単語を使う方法と、「#ff0000」のようなカラーコードを使う方法があります。

　単語を使う場合は、**表 1.2** の 16 色を指定することができます。例えば、「color : red;」とすると、その要素の文字色が赤になります。

　一方、カラーコードを使う場合、赤（r）／緑（g）／青（b）の光の三原色のそれぞれの強さを指定します。カラーコードの書き方としては以下の 4 通りがありますが、2 番目の書き方がよく使われています。

① #rgb 　（r ／ g ／ b はそれぞれ 0 〜 f の 16 進数表記）
② #rrggbb 　（rr ／ gg ／ bb それぞれ 00 〜 ff の 16 進数表記）
③ rgb(r,g,b) 　（r ／ g ／ b はそれぞれ 0 〜 255 の 10 進数表記）
④ rgb(r% ,g% ,b%) 　（r ／ g ／ b はそれぞれ 0 〜 100 の 10 進数表記）

　カラーコードと実際の色との対応の見本は、以下のホームページで調べると良いでしょう。

URL http://www.tagindex.com/color/safe_color.html

▼ 表1.2 色を表す単語

単語	色	カラーコードでの表記
black	黒	#000000
silver	明るい灰色	#c0c0c0
gray	暗い灰色	#808080
white	白	#ffffff
maroon	茶色	#800000
red	赤	#ff0000
purple	暗い紫色	#800080
fuchsia	明るい紫色	#ff00ff
green	暗い緑	#008000
lime	明るい緑	#00f000
olive	オリーブ色	#808000
yellow	黄色	#ffff00
navy	紺色	#000080
blue	青色	#0000ff
teal	青緑	#008080
aqua	水色	#00ffff

文字のサイズを指定する —— font-size プロパティ

文字を大きくしたり小さくしたりしたい場合、「font-size」というプロパティを使います。

● font-size プロパティの書き方

font-size プロパティでは、文字サイズの指定方法として、以下の3通りがあります。

①「small」などの単語を使う
②数字と単位で指定する
③パーセントで指定する

①の方法を使う場合、以下の 7 段階で文字サイズを指定します。例えば、「style="font-size : large;"」とすると、文字が一回り大きくなります。

```
xx-small x-small small medium large x-large xx-large
```

段階が 1 つ上がるごとに、文字サイズはおおむね 1.2 倍になります。ただし、Web ブラウザによって、その通りでないこともあります。

②の場合は、「20px」（20 ピクセル）や「24pt」（24 ポイント）のように指定します。使える単位には、**表 1.3** のようなものがあります。

また、③の場合は、通常の文字のサイズを 100％として、それに対する比率で指定します。例えば、「150％」と指定すると、その文字は通常の文字サイズの 150％（1.5 倍）になります。

▼ **表 1.3** サイズの単位

単位	内容
px	ピクセル単位
pt	ポイント単位
em	通常の文字サイズを 1 として、それに対する倍率で指定 例えば、「font-size : 1.5em;」とすると、通常の文字サイズの 1.5 倍になります。

● font-size プロパティの例

例えば、記事に**リスト 1.17** のように入力するとします（**画面 1.31**）。この記事を保存して表示すると、**画面 1.32** のような表示になります。

リスト 1.17 font-size プロパティを使った例

```
<p>
通常の文字です。<br />
<span style="font-size : large;">通常より 1 段階大きい（large）文字です。</span><br />
<span style="font-size : 20px; color : red;">20 ピクセル（20px）の赤色の文字です。</span><br />
<span style="font-size : 24pt;">24 ポイント（24pt）の文字です。</span><br />
<span style="font-size : 2em; background-color : aqua;">通常の 2 倍（2em）の大きさで背景が水色の文字です。</span><br />
<span style="font-size : 400%;">通常の 4 倍（400%）の大きさの文字です。</span>
</p>
```

第 1 章　HTML とスタイルシートで記事の表現力を高める

▼**画面 1.31**　リスト 1.17 を入力しているところ

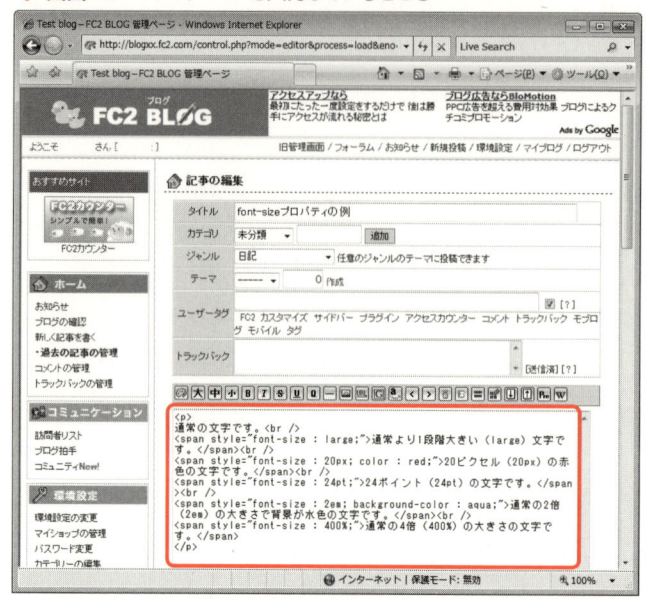

▼**画面 1.32**　リスト 1.17 の表示例

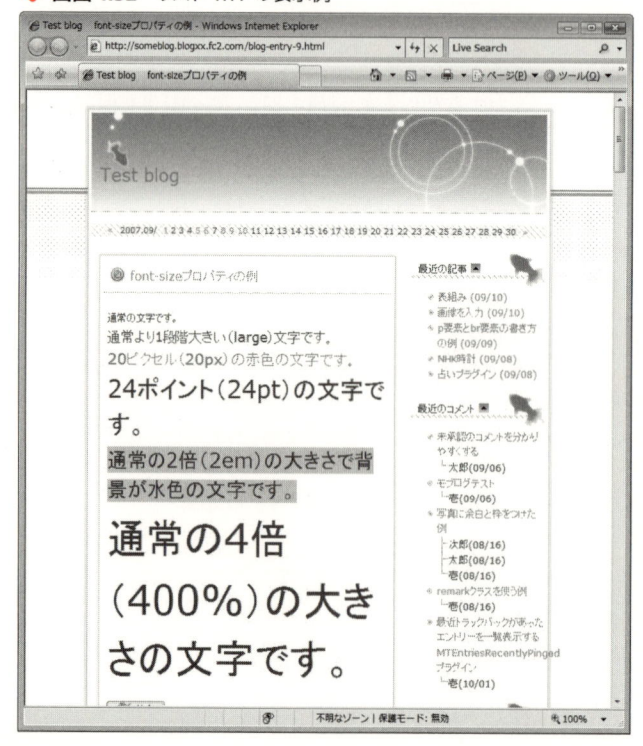

文字のフォントを指定する ── font-family プロパティ

文字のフォントを変えるには、「font-family」というプロパティを使います。

● font-family プロパティの書き方

font-family プロパティの書き方は、**リスト 1.18** のようになります。

フォント名は、半角／全角の違いや、途中に含まれるスペースも含めて、正確に書く必要があります。また、フォント名にスペースが含まれる場合は、フォント名を「'」で囲みます。

例えば、Windows でよく使われる「ＭＳ Ｐゴシック」フォントの場合、文字はすべて全角で、「ＭＳ」と「Ｐ」の間に半角のスペースが入ります。したがって、ＭＳ Ｐゴシックフォントで表示するようにしたい場合は、**リスト 1.19** のように書く必要があります。

また、パソコンによって、インストールされているフォントは異なります。例えば、前述の「ＭＳ Ｐゴシック」フォントは、Windows のパソコンには通常はインストールされていますが、Mac にはインストールされていません。

そこで、フォント名は、複数指定することができます。そのようにすると、最初のフォントがパソコンにインストールされていればそれで表示され、なければ次のフォント、それもなければその次のフォント……というようにフォントが選ばれます。

一般に、明朝系のフォントで表示したい場合は、**リスト 1.20** のように書くことをお勧めします。「ＭＳ Ｐ明朝」は Windows 用で、「ヒラギノ明朝 Pro W3」とその英語表記は Mac 用です。また、これらのどちらもインストールされていない場合は、飾り（serif）がついたフォントの中で適切なものが選ばれます。

一方、ゴシック系のフォントで表示したい場合は、**リスト 1.21** のように書くことをお勧めします。「ＭＳ Ｐゴシック」は Windows 用で、「ヒラギノ角ゴ Pro W3」とその英語表記は Mac 用です。また、これらのどちらもインストールされていない場合は、飾りがない（sans-serif）フォントの中で適切なものが選ばれます。

リスト 1.18　font-family プロパティの書き方
```
font-family : フォント名1, フォント名2,……, フォント名n;
```

リスト 1.19　ＭＳ Ｐゴシックフォントを使う例
```
font-family : 'ＭＳ Ｐゴシック';
```

リスト 1.20　明朝系のフォントで表示する
```
font-family : 'ＭＳ Ｐ明朝', 'ヒラギノ明朝 Pro W3', 'Hiragino Mincho Pro', serif;
```

リスト 1.21　ゴシック系のフォントで表示する

```
font-family : 'ＭＳ Ｐゴシック', 'ヒラギノ角ゴ Pro W3', 'Hiragino Kaku Gothic Pro',
sans-serif;
```

● **font-family プロパティの例**

　リスト 1.22 は、p 要素（段落）に font-family プロパティ（および font-size プロパティ）を適用した例です。

　1 つ目の p 要素は、明朝系のフォントで、文字サイズを 24 ポイントにして文字を表示する例になっています。一方、2 つ目の段落は、ゴシック系のフォントで表示する例です。実際にこの HTML を記事に入力し（**画面 1.33**）、ページを表示してみると、**画面 1.34** のようになります。

リスト 1.22　font-family プロパティを使った例

```
<p style="font-family : 'ＭＳ Ｐ明朝', 'ヒラギノ明朝 Pro W3', 'Hiragino Mincho Pro',
serif; font-size : 24pt;">明朝系の文字で表示する例です。</p>
<p style="font-family : 'ＭＳ Ｐゴシック', 'ヒラギノ角ゴ Pro W3', 'Hiragino Kaku Gothic
Pro', sans-serif; font-size : 24pt;">ゴシック系の文字で表示する例です。</p>
```

▼ **画面 1.33**　リスト 1.22 を記事に入力したところ

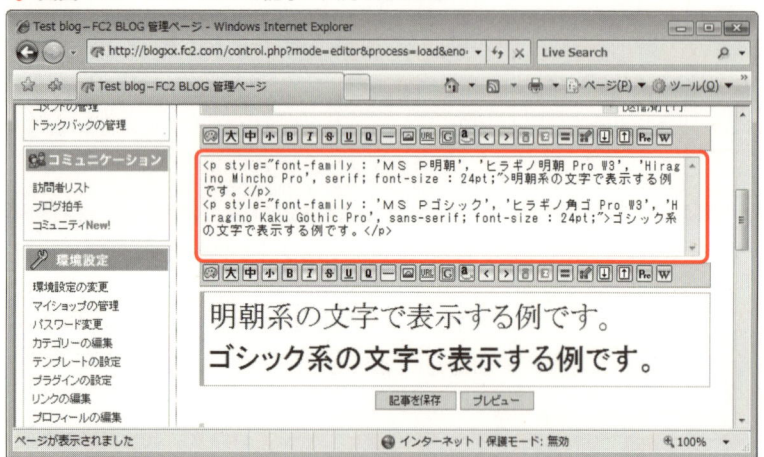

▼ **画面 1.34** リスト 1.22 の表示例

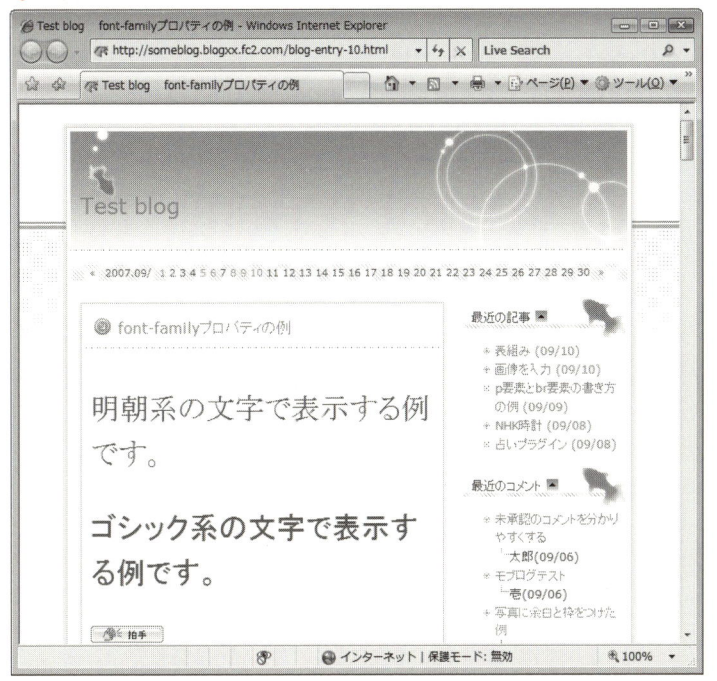

下線や斜体の設定

　文字に下線をつけたり、斜体にしたりすることも、スタイルシートで行うことができます。よく使う書式と、それに対応するプロパティおよび値の設定方法は、**表1.4**のようになります。

　例えば、記事に**リスト 1.23** のHTMLを入力すると（**画面 1.35**）、**画面 1.36** のような表示になります。

▼ **表 1.4**　下線や斜体を設定するプロパティと値

書式	プロパティと値
下線	text-decoration : underline;
斜体	font-italic : italic;
太字	font-weight : bold;
取り消し線	text-decoration : line-through;

リスト1.23　下線等を使った例

```
<p style="font-size : 16pt;">
これは<span style="text-decoration : underline;">下線</span>をつけた文字です。<br />
これは<span style="font-style : italic;">斜体</span>にした文字です。<br />
これは<span style="font-weight : bold;">太字</span>にした文字です。<br />
これは<span style="text-decoration : line-through;">取り消し線</span>を引いた文字です。<br />
これは<span style="font-weight : bold; font-style : italic; text-decoration : underline">太字と斜体と下線</span>を設定した文字です。
</p>
```

▼ **画面1.35**　リスト1.23を記事に入力したところ

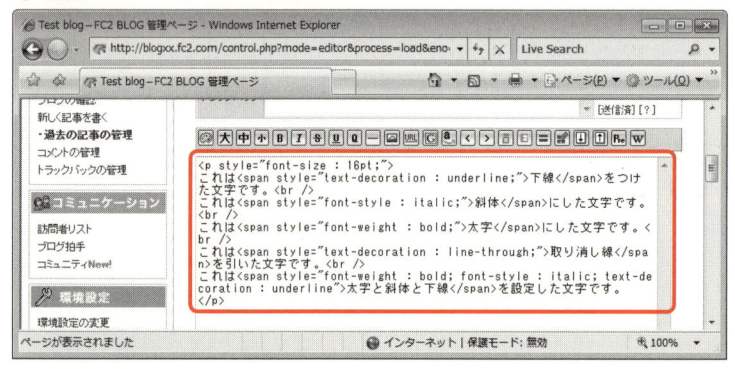

▼ **画面1.36**　リスト1.23の表示例

背景に画像を入れる

　background-color プロパティ（31 ページ参照）を使うと、要素の背景に色をつけることができますが、色ではなく画像を指定したい場合もあります。そのようなときには、「background-image」のプロパティを使います。background-image というプロパティの書き方は、**リスト 1.18** のようになります。

　あらかじめ画像ファイルをアップロードしておき、そのアドレスを調べて（18 ページ参照）、それを background-image プロパティに指定するようにします。

　例えば、記事に**リスト 1.25** のように入力したとします（**画面 1.38**）。また、「http://someblog.blogxx.fc2.com/file/cork.jpg」ファイルの画像が、**画面 1.37** のようなコルク調のものだとします。この場合、この記事を表示すると、**画面 1.39** のようになります。

リスト 1.24　background-image プロパティの書き方

```
background-image : url( 画像ファイルのアドレス );
```

リスト 1.25　background-image プロパティの例

```
<p style="background-image : url(someblog.blogxx.fc2.com/file/cork.jpg); font-size : 20pt; color : yellow;">背景にコルク調の画像を指定した例です。</p>
```

▼ 画面 1.37　コルク調の画像の例

▼ 画面 1.38　リスト 1.25 を記事に入力しているところ

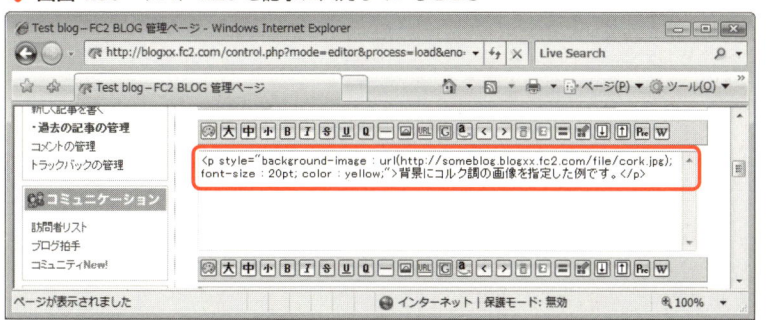

第1章　HTMLとスタイルシートで記事の表現力を高める

▼ **画面1.39**　リスト1.25を記事に入力して表示した例

枠線と余白をつける

要素の周囲に枠線を引くこともできます。また、文字等と枠線の間に余白を入れることもできます。

● 枠線を引く ── border プロパティ等

枠線は「border」等のプロパティで表されます。

上下左右に同じ枠線を引くなら、border プロパティで一度に指定すると便利です。一方、方向別に枠線を変えて引く場合、「border-top」（上）／「border-bottom」（下）／「border-left」（左）／「border-right」（右）の各プロパティを使います。いずれのプロパティも、**リスト1.26**のような書き方をします。

「幅」は枠線の幅のことで、「1px」などのように、数値と単位を使って指定することができます。また、色は color プロパティ（31ページ参照）と同様の指定方法を取ることができます。そして、「線種」では、**表1.5**の値を使って線の種類を指定します。

リスト1.26　border 等のプロパティの書き方

```
border 等： 幅 線種 色;
```

▼ 表1.5　線種の表し方

値	内容
none	線なし
solid	一重線
double	二重線
dotted	点線
dashed	破線
groove	枠線がくぼんでいるように見える
ridge	枠線が浮き出ているように見える
inset	枠内がくぼんでいるように見える
outset	枠内が浮き出ているように見える

● 余白を入れる ── padding プロパティ等

文字等と枠線の間の余白は、「padding」などのプロパティで表されます。また、枠線とその周囲との余白は、「margin」などのプロパティで表されます。

padding プロパティは、上下左右の余白を一度に指定する際に使います。書き方は**表1.6** の4通りあります。余白の幅は、「1px」などのように、数値＋単位で指定することができます。

また、上下左右の余白を個別に指定したい場合は、「padding-top」（上）／「padding-bottom」（下）／「padding-left」（左）／「padding-right」（右）の各プロパティを使います。いずれのプロパティも、**リスト1.27** のような書き方をします。

同様に、margin プロパティも、上下左右の余白を一度に指定する際に使います。一方、margin-top 等のプロパティで上下左右の余白を別々に指定することができます。

ただし、margin プロパティは、a 要素や span 要素など、使うことができない要素があります。

📄 **リスト1.27**　padding-top 等のプロパティの書き方

```
padding-top 等 ： 幅；
```

▼ 表1.6　padding プロパティの書き方

余白の指定方法	書き方
四方向の余白をすべて同じにする	padding：幅；
上下／左右の余白を別々に指定する	padding：上下の余白の幅 左右の余白の幅；
上／左右／下の余白を別々に指定する	padding：上の余白の幅 左右の余白の幅 下の余白の幅；
四方向の余白を別々に指定する	padding：上の余白の幅 右の余白の幅 下の余白の幅 左の余白の幅；

● borderプロパティとpaddingプロパティの例

リスト1.28は、p要素（段落）にborderプロパティとpaddingプロパティを使った例です。

「border : 3px double red;」とありますので、赤色で幅3ピクセルの二重線が引かれます。また、「padding : 3px 10px;」とありますので、文字と枠線の間に、上下は3ピクセル、左右は10ピクセルの余白が空きます。

リスト1.28を記事に入力し（画面1.40）、実際に表示してみると、画面1.41のようになります。

リスト1.28　段落にborderプロパティとpaddingプロパティを使った例

```
<p style="border : 3px double red; padding : 3px 10px;">
段落のまわりに赤い二重線を引いた例です。<br />
また、段落と枠線の間には、上下に3ピクセル、左右に10ピクセルの余白をとっています。
</p>
```

▼ **画面1.40**　リスト1.28を記事に入力しているところ

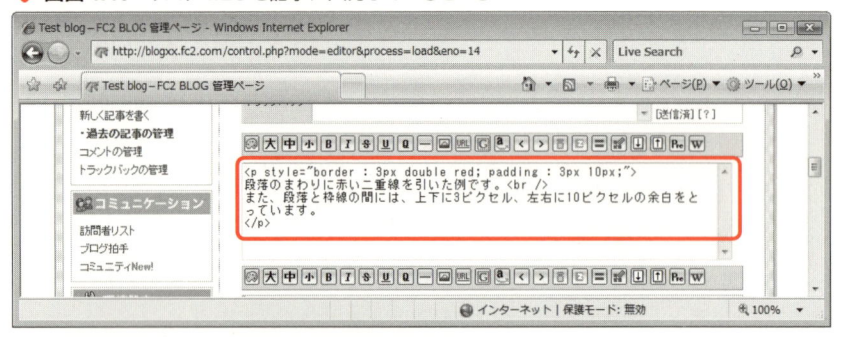

▼ **画面1.41**　リスト1.28を記事に入力して表示した例

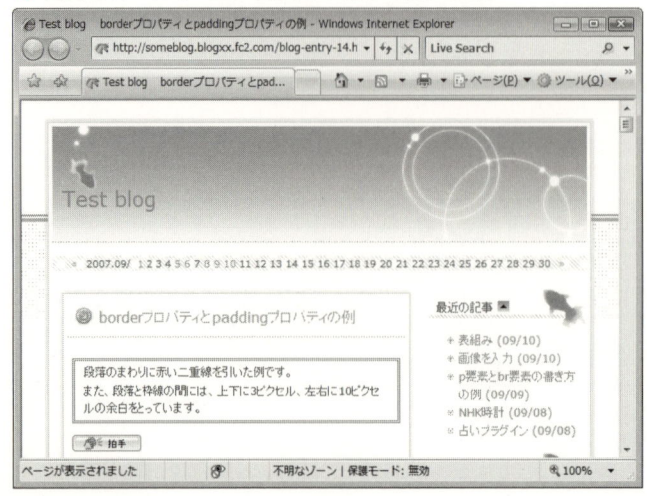

段落等の中の文章を中央揃え等にする

段落（p 要素）や表組みのマス目（td 要素）の中の文章を、中央揃え等にして表示することもできます。

● 左右方向の位置指定 ── text-align プロパティ

段落等の中の文章等は、通常は左寄せで表示されます。これを中央揃えや右寄せにすることもできます。それには、「text-align」というプロパティを使います。text-align プロパティの書き方は**表 1.7**のようになります。

▼ 表 1.7　text-align プロパティの書き方

左右方向の位置	書き方
左寄せ	text-align : left;
中央揃え	text-align : center;
右寄せ	text-align : right;

● 上下方向の位置指定 ── vertical-align プロパティ

マス目の中の文章等は、通常では上下方向は中央揃えで表示されます。これを上端や下端に寄せたい場合は、「vertical-align」というプロパティを使います。vertical-align プロパティの書き方は、**表 1.8**のようになります。

▼ 表 1.8　vertical-align プロパティの書き方

上下方向の位置	書き方
上寄せ	vertical-align : top;
中央揃え	vertical-align : middle;
下寄せ	vertical-align : bottom;

● 位置指定の例

リスト 1.29 は、text-align プロパティや vertical-align プロパティを使って、表示位置を指定した例です。

リスト 1.29 の 1 行目には p 要素（段落）がありますが、「text-align : right;」のスタイルシートを指定しています。これによって、この段落の中の文章は右寄せで表示されます。

7 行目の td 要素（マス目）では、「vertical-align : top;」を指定しています。これによって、このマス目の中の文字は上寄せで表示されます。

また、11 行目の td 要素では、「vertical-align : middle; text-align : center;」を指定していますので、

第1章　HTMLとスタイルシートで記事の表現力を高める

　縦横両方向とも中央揃えになり、マス目の中央に文字が表示されます。
　なお、記事に**リスト1.29**を入力して（**画面1.42**）、実際に表示してみると、**画面1.43**のようになります。

📄 リスト1.29　text-alignプロパティ／vertical-alignプロパティの例

```
<p style="text-align : right;">右寄せの段落です。</p>

<table border="1">
  <col width="100">
  <tbody>
    <tr>
      <td style="vertical-align : top;"> 上寄せ </td>
      <td> 左のマス目では、vertical-align プロパティを使って、上寄せを指定しています。</td>
    </tr>
    <tr>
      <td style="vertical-align : middle; text-align : center;"> 中央揃え </td>
      <td> 左のマス目では、vertical-align プロパティと text-align プロパティを使って、マス目の 🚩
      中央に文字を表示しています。</td>
    </tr>
  </tbody>
</table>
```

▼ 画面1.42　リスト1.29を記事に入力した

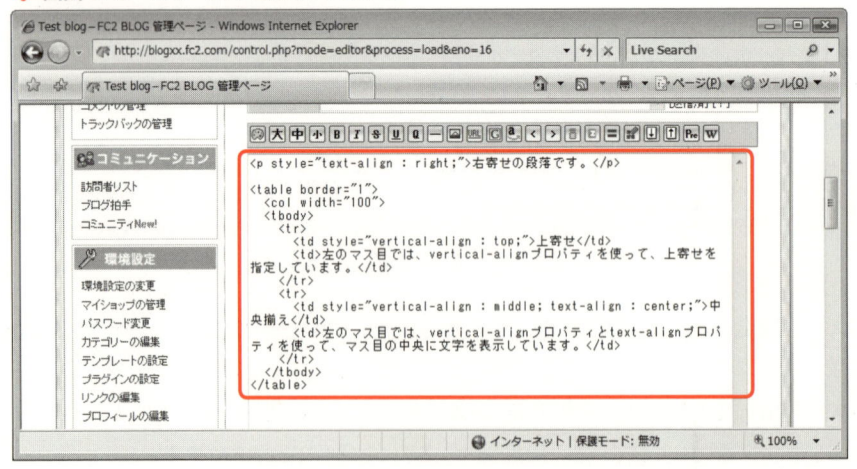

▼ **画面 1.43**　リスト 1.29 を記事に入力して表示したところ

画像のまわりに文章を回り込ませる

　記事に画像を入れる際に、画像を左上や右上に表示して、文章をその周りに回り込ませたいこともよくあります（**画面1.44**）。このようなことを行うには、「float」および「clear」というプロパティを使います。

▼ **画面 1.44**　画像の右に文章を回り込ませた例

● 1つの段落に画像と文章を入れる

文章を画像の周りに回り込ませたい場合、まずその画像と文章を1つの段落（p要素）の中に入れます。画像（img要素）はp要素の先頭に入れ、img要素の直後から文章を続けるようにします。

● 画像にfloatプロパティを設定する

次に、画像（img要素）に、「float」というプロパティを設定します。「style="float : left;"」とすると、画像が左寄せになり、文字はその右に回り込みます。一方、「style="float : right;"」とすると、画像が右寄せになり、文章はその左に回り込みます。

また、floatプロパティを設定する場合、paddingプロパティやmarginプロパティも指定して、画像の周りに余白を空ける方が良いです。例えば、**リスト1.30**のようにスタイルシートを設定すると、**図1.1**のような形で表示されるようになります。

リスト1.30 floatプロパティとpaddingプロパティを組み合わせる例

```
<p>
<img …… style="float : left; padding-right : 10px; padding-bottom : 10px;" />
文章
</p>
```

▼ **図1.1** リスト1.29の表示

余白10ピクセル

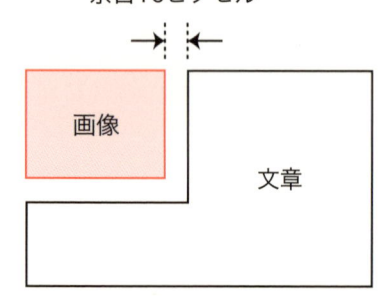

画像

文章

● 段落の最後で回り込みを解除する

画像（img要素）にfloatプロパティを設定した場合、その画像を含む段落（p要素）の最後（</p>タグの前）に、「<br style="clear : both;" />」のタグを入れます。これによって、文章の回り込みが解除され、それ以後は通常通りの表示に戻ります。

なお、回り込みを解除しておかないと、回り込みの状態がそのまま続いてしまい、ページのレイアウトが崩れることがあります。

回り込みの例

リスト 1.31 は、画像を左に寄せて、その右に文章を流し込む例です。

p 要素（段落）が 2 つあり、1 つ目の p 要素の先頭に img 要素（画像）があります。この画像では、style プロパティに「float : left; padding-right : 10px; padding-bottom : 10px;」を指定していますので、画像は左寄せになり、その画像の右と下に 10 ピクセルの余白が空きます。

また、この p 要素の最後に「<br style="clear : both;" />」のタグがありますので、そこで回り込みが解除されます。

記事に**リスト 1.31** を入力して（**画面 1.45**）、実際に表示してみると、45 ページの**画面 1.44** のようになります。

リスト 1.31　回り込みの例

```
<p>
<img width="240" height="180" alt=" 橋 " src="http://someblog.blogxx.fc2.com/file/
bridge.jpg" style="float : left; padding-right : 10px; padding-bottom : 10px;"/> 画像を
左に寄せて、文章をその右に回り込ませた例です。<br /> さらに、画像の右と下に 10 ピクセルの余白を
入れて、画像と文章の間に余白をとるようにしています。<br style="clear : both;" />
</p>
<p>
この段落は、回り込みを解除した後のものです。
</p>
```

画面 1.45　記事にリスト 1.31 を入力したところ

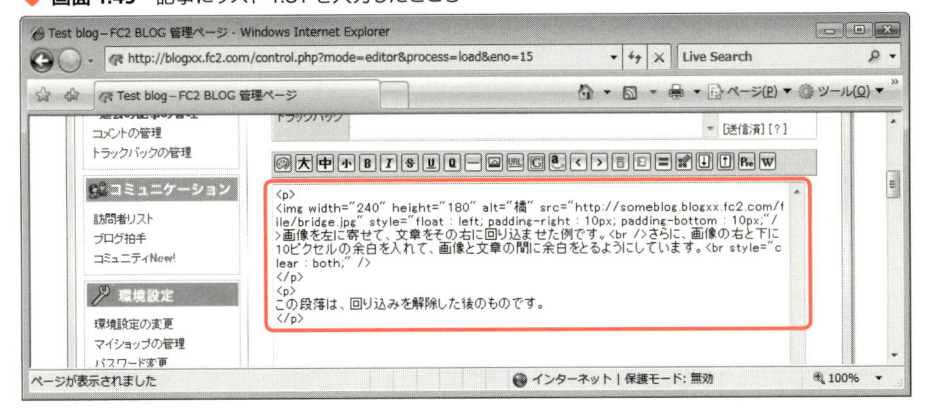

👎👎 タグや属性での指定はあまりお勧めしない

　HTMLのタグや属性の中には、書式を表すものもあります（**表1.9**）。かつては、これらのタグや属性を使うことが一般的でした。ただ、現在ではHTMLには文書の構造だけを入れて、書式はスタイルシートで表すようにすることが勧められています。

　また、FC2ブログのテンプレートによっては、これらのタグの書式がスタイルシートで上書きされていて、タグの表示が思うようにならないこともあります（例えば、<i>〜</i>のタグで文字を囲んでも、斜体にならないなど）。このようなことからも、タグではなくスタイルシートを使うことをお勧めします。

▼ 表1.9　書式を表すタグ

書式	タグ
フォント名／サイズなど	<font face="フォント名" size="サイズ" color="文字色">文章</font>
太字	文章
斜体	<i>文章</i>
下線	<u>文章</u>
取り消し線	<s>文章</s>

▼ 表1.10　書式を表す属性

書式	属性
背景色	bgcolor="色"
背景の画像	background="画像のアドレス"
左右方向の位置揃え	align="揃え方を表す単語"
上下方向の位置揃え	valign="揃え方を表す単語"

FC2 Blog Supar Customize Technique

2

テンプレートを
カスタマイズする

FC2ブログでは、ブログの各ページは「テンプレート」に基づいて表示されています。テンプレートは「ページのひな形」のことで、記事等の情報がそのひな形にはめ込まれる形になっています。

テンプレートをカスタマイズすることで、各ページの表示を変えることができます。この章では、テンプレートの切り替えや書き換えなど、テンプレートをカスタマイズする方法を紹介します。

2-1 テンプレートを切り替える

　FC2ブログの特徴として、テンプレートの種類が非常に豊富（数千種類）で、自分に合ったテンプレートを選びやすい、という点をあげることができます。テンプレートのカスタマイズの第一歩として、テンプレートを切り替える方法から解説します。

公式テンプレートと共有テンプレート

　FC2ブログのテンプレートは、大きく分けて「公式テンプレート」と「共有テンプレート」に分けることができます。

　公式テンプレートは、FC2自身や、FC2から委託を受けている人などが作っていて、FC2が公式に公開しているテンプレートです。一方、共有テンプレートは、FC2の一般ユーザーが独自に作って公開しているテンプレートです。

　本書執筆時点（2007年9月）では、公式テンプレートが151種類、共有テンプレートが3,866種類もあり、どんどん増え続けています。

　公式／共有のどちらのテンプレートも、FC2ブログの管理画面で扱うことができるようになっています。

テンプレートの設定のページを開く

　テンプレートの切り替えや書き換えなど、テンプレート関連の操作は、テンプレートの設定のページで行います。

　FC2ブログにログインし、ページ左端のメニューで「環境設定」の中の「テンプレートの設定」をクリックすると、テンプレートの設定のページを開くことができます（**画面2.1**）。

2-1 テンプレートを切り替える

▼ **画面 2.1**　テンプレートの設定のページを開いたところ

公式テンプレートに切り替える

　テンプレートは自由に切り替えることができるようになっています。いろいろとテンプレートを切り替えてみて、ご自分に合ったテンプレートを選ぶと良いでしょう。切り替えの手順は、公式テンプレートと共有テンプレートで異なります。まずは、公式テンプレートに切り替える手順を解説します。

　テンプレート設定のページを開くと、その上端の方に「テンプレート管理」という箇所があり、そこの「PC用」の中に「公式テンプレート」というリンクがあります。

　そのリンクをクリックすると、公式テンプレートが一覧表示されます(**画面2.2**)。使いたいテンプレートのところで、「このテンプレートを追加」のリンクをクリックすると、そのテンプレートが自分のブログにダウンロードされます(読み込まれます)。

　テンプレートは、標準では1ページあたり20件ずつ表示されます。テンプレート一覧の上には「1」「2」などの番号や、「次のページ」「前のページ」などのリンクが表示されていますが、それらをクリックすることで他のページに移動することができます。

第 2 章　テンプレートをカスタマイズする

　また、それぞれのテンプレートの「テンプレートイメージ」の列には、テンプレートの表示例があります。それをクリックすると、そのテンプレートを自分のブログに当てはめてみた場合の例（プレビュー）が表示されます。テンプレートを切り替える前に、プレビューでデザインを確認しておくと良いでしょう。

▼ **画面 2.2**　公式テンプレートの一覧

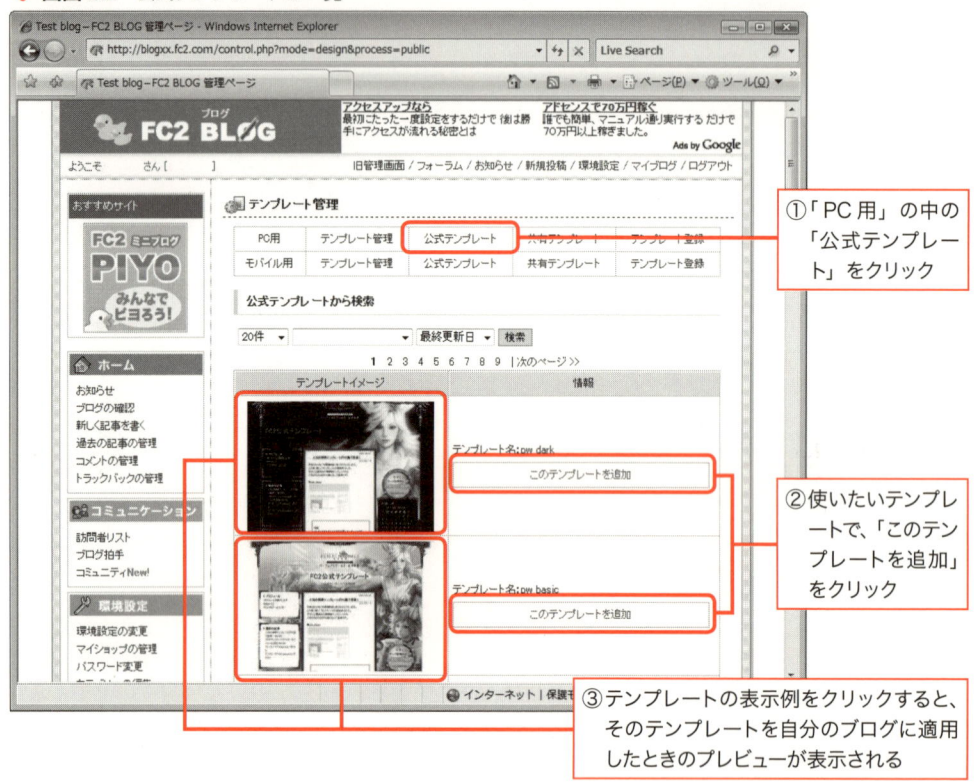

① 「PC 用」の中の「公式テンプレート」をクリック

② 使いたいテンプレートで、「このテンプレートを追加」をクリック

③ テンプレートの表示例をクリックすると、そのテンプレートを自分のブログに適用したときのプレビューが表示される

共有テンプレートに切り替える

共有テンプレートは種類が非常に多いので、検索して切り替えるような仕組みになっています。

テンプレートの設定のページを開き、その上端の方にある「PC用」の中で「共有テンプレート」のリンクをクリックすると、共有テンプレートを検索するページが表示されます。

「共有テンプレートから検索」の部分を使うと、テンプレートのイメージやベースカラーなどの条件で、テンプレートを検索することができます。また、「名前インデックス」や「作者名インデックス」のところで、テンプレートの名前の順や、作者名の順に、テンプレートを一覧表示することもできます。

検索を行うと、その条件に合うテンプレートが一覧表示されます（画面2.4）。テンプレートのイメージ画像か、「プレビュー」のリンクをクリックすると、そのテンプレートを自分のブログに当てはめた例が表示されます。

また、「詳細」のリンクをクリックすると、そのテンプレートの説明等のページが表示されます（画面2.5）。そのページで、「ダウンロード」のリンクをクリックすると、テンプレートが自分のブログにダウンロードされます。

▼ **画面 2.3** 共有テンプレートの検索

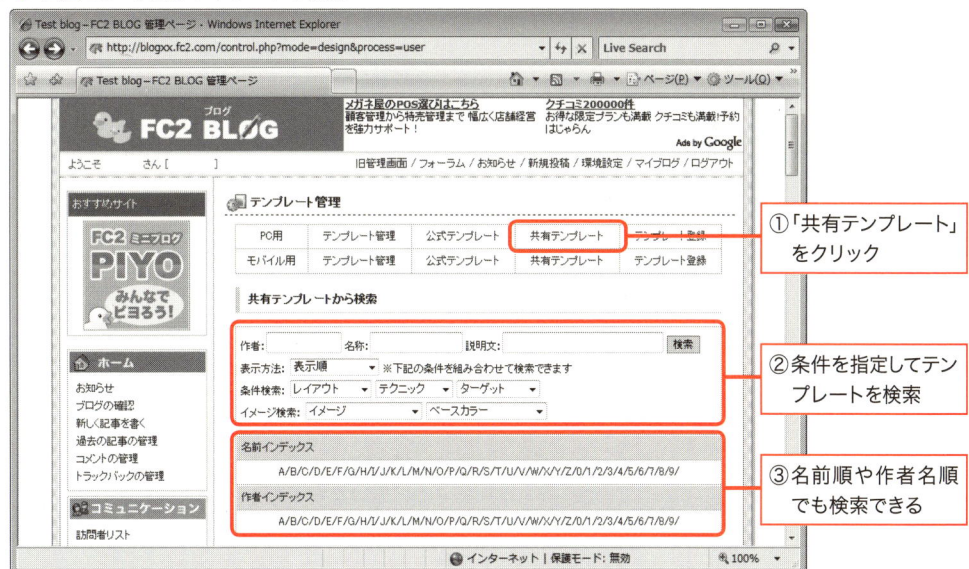

① 「共有テンプレート」をクリック

② 条件を指定してテンプレートを検索

③ 名前順や作者名順でも検索できる

第 2 章　テンプレートをカスタマイズする

▼**画面 2.4**　テンプレートの検索結果

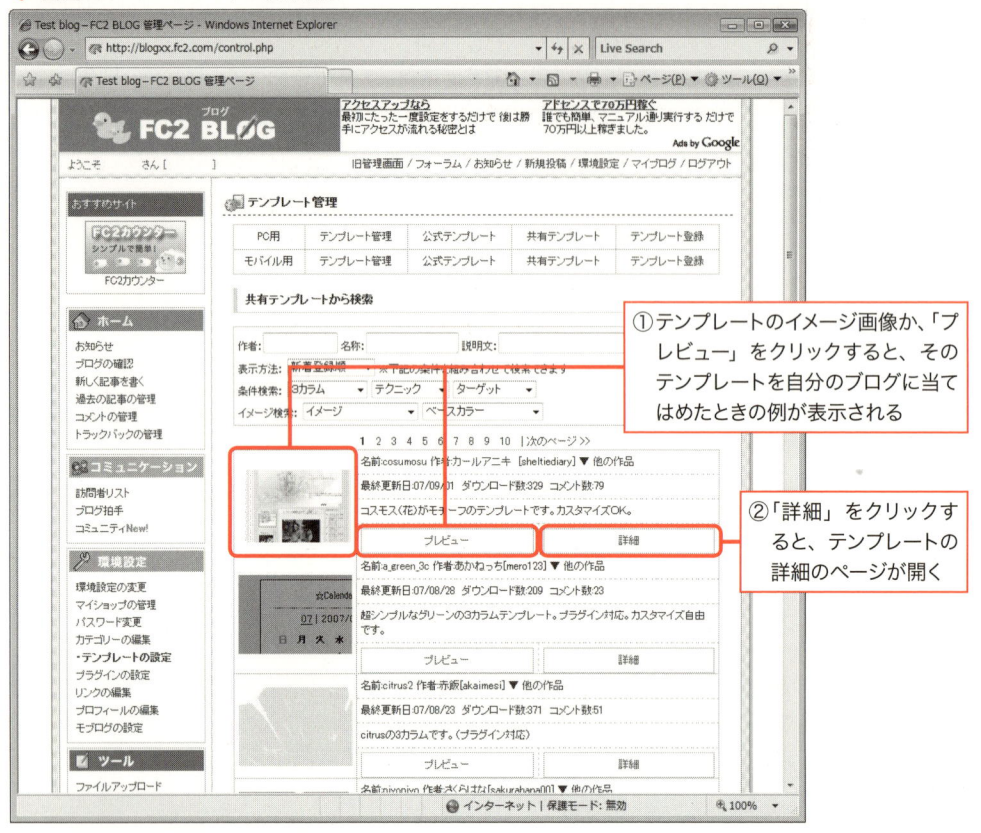

①テンプレートのイメージ画像か、「プレビュー」をクリックすると、そのテンプレートを自分のブログに当てはめたときの例が表示される

②「詳細」をクリックすると、テンプレートの詳細のページが開く

▼**画面 2.5**　テンプレートの詳細のページで「ダウンロード」のリンクをクリックする

ダウンロード済みのテンプレートから選びなおす

テンプレートは複数ダウンロードすることができます。ダウンロードしたテンプレートは、テンプレートの設定のページの「PCテンプレート」に一覧表示されます（画面2.6）。

テンプレート名の右に「Preview」などのリンクがありますが、「適用」の列に旗のアイコンが表示されているものがあります。例えば、画面2.6 だと、「goldfish_bowl」のテンプレートに旗のアイコンがあります。これは、そのテンプレートがブログに適用されていることを表します。

ダウンロード済みのテンプレートの中で、適用されているテンプレートから他のテンプレートに切り替えたい場合、そのテンプレートの行で「適用」のリンクをクリックします。

▼ **画面2.6** ダウンロード済みのテンプレートの一覧

テンプレートを編集する

この後の節では、テンプレートをカスタマイズする例をいくつか紹介しますが、その際にはテンプレートを編集する作業を行います。

テンプレートを編集するには、テンプレートの設定のページを開き、ダウンロード済みテンプレートの一覧で（画面2.6）、編集したいテンプレートの行の「編集」のリンクをクリックします。

すると、テンプレートの内容を編集する状態になります（画面2.7）。FC2ブログでは、テンプレートは「HTML」と「スタイルシート」の2つから構成されています。

28 ページで説明したように、ページの構造は HTML で決まり、デザインはスタイルシートで決まります。したがって、HTML のテンプレートを書き換えることで、ページの構造を変えることが

できます。また、スタイルシートのテンプレートを書き換えると、ページのデザインを変えることができます。
　画面2.7ではHTMLのテンプレートが表示されていますが、ページを下にスクロールするとスタイルシートが表示されます。

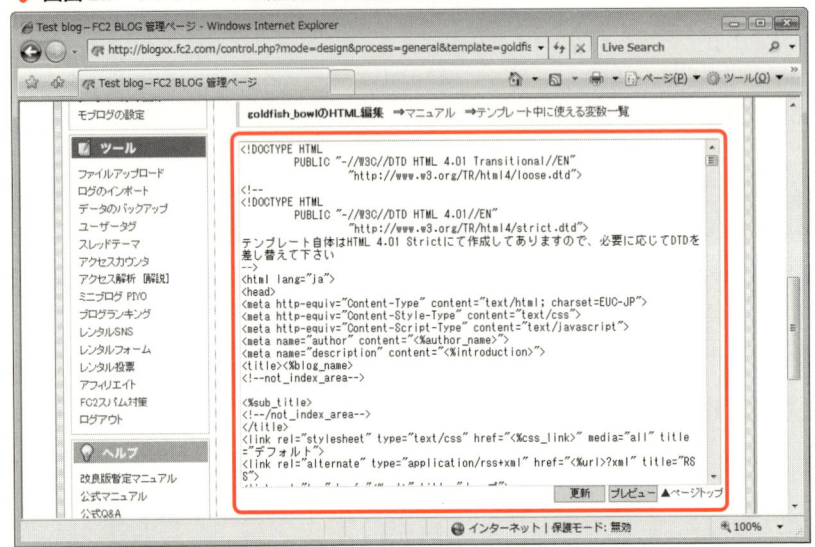

▼ **画面 2.7**　テンプレートを編集する状態にしたところ

カスタマイズするなら公式テンプレートがお勧め

　FC2ブログはテンプレートの種類が多いのが魅力ですが、共有テンプレートは一般の人々が作っていて、それぞれの人で作り方が異なっています。そのため、カスタマイズしようとすると、テンプレートごとに手順が異なってしまうという問題があります。
　一方、公式テンプレートの場合、テンプレートの構造が比較的統一されていて、ある公式テンプレートから別の公式テンプレートに切り替えても、同じカスタマイズ手法を取りやすいです。また、公式テンプレートは「プラグイン」(詳細は第3章で解説)にも対応していることが多いです。
　これらの点から、公式テンプレートはカスタマイズを行いやすくなっています。カスタマイズをいろいろとやってみたいという方は、公式テンプレートを使われることをお勧めします。
　なお、この章で紹介する事例は、公式テンプレートの「goldfish_bowl」で動作を確認したものです。

2-2 外部スタイルシートの基本

前の節でお話ししたように、FC2 ブログのテンプレートは、HTML とスタイルシートの 2 つから構成されます。スタイルシートのテンプレートは、「外部スタイルシート」の仕組みを利用したものになっています。テンプレートのカスタマイズの前に、外部スタイルシートの基本をマスターしておきましょう。

外部スタイルシートとは？

第 1 章の 28 ページで、スタイルシートを使って特定の要素のデザインを変える方法を紹介しました。ただこの方法では、複数の要素のデザインを揃えたい場合に非常に不便です。

例えば、「ページ内のすべての段落（p 要素）で、文字を 12 ピクセルにしたい」ということを考えてみてください。この場合、個々の p 要素に「style="font-size : 12px;"」を付け加えることも考えられますが、それはかなり面倒です。

そこで、「○○の要素では、一律に□□のスタイルシートを適用する」というような仕組みをとることもできます。また、その情報を HTML とは別のファイルに保存する方法を取ることもできます。この「HTML とは別ファイルのスタイルシート」のことを、「外部スタイルシート」と呼びます。

前の節でお話ししたように、FC2 ブログでは HTML とスタイルシートの 2 つのテンプレートに基づいて、ページが出力されるようになっています。そして、スタイルシートのテンプレートは、外部スタイルシートを出力するものになっています。したがって、スタイルシートのテンプレートを書き換えれば、外部スタイルシートをカスタマイズすることができます。

外部スタイルシートの基本的な書き方

外部スタイルシートでは、**リスト 2.1** のような形でスタイルを指定していきます。

「セレクタ」とは、スタイルを設定する対象のことです。そして、「プロパティ：値；」の部分で、スタイルの内容を指定します。例えば、すべての段落（p 要素）で、文字サイズを 12 ピクセルにしたい場合は、**リスト 2.2** のような書き方をします。

画面 2.8 は、管理者ページにログインし、「テンプレートの設定」のページを開いて、スタイルシートのテンプレートを表示した例です。

第 2 章　テンプレートをカスタマイズする

📄 **リスト 2.1　外部スタイルシートの書き方**

```
セレクタ { プロパティ : 値 ; プロパティ : 値 ; …… ; プロパティ : 値 ; }
セレクタ { プロパティ : 値 ; プロパティ : 値 ; …… ; プロパティ : 値 ; }
・
・
・
```

📄 **リスト 2.2　すべての段落で文字サイズを 12 ピクセルにする**

```
p { font-size : 12px; }
```

▼ **画面 2.8**　スタイルシートのテンプレートは外部スタイルシートの形になっている

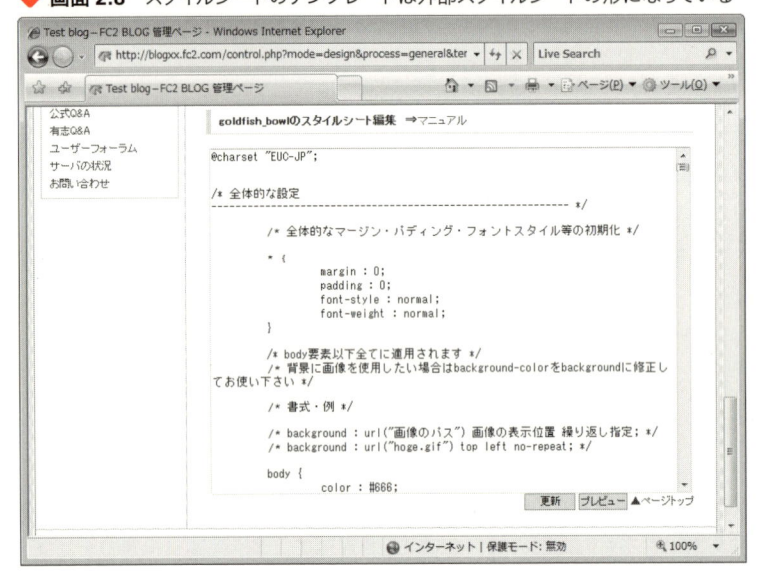

🦆 クラスを指定する

　先ほどの**リスト 2.2** のような書き方をして、その外部スタイルシートをページに組み込むと、そのページの中ではすべての p 要素（段落）の文字サイズが 12 ポイントになります。ただ、すべての段落ではなく、一部の段落にのみスタイルを指定したい、というようなこともあります。

　このようなときは、「クラス」という機能を使って、スタイルシートを適用する先を限定することができます。例えば、「p 要素のうち、『update』というクラスが指定されているものだけ、文字色を赤にする」といったことができます。

クラスを使う場合、まず外部スタイルシート側では、**リスト 2.3** のような書き方をします。例えば、上で述べたように、「p 要素のうち、『update』というクラスが指定されているものだけ、文字色を赤にする」というようにするには、**リスト 2.4** のような書き方をします。

一方の HTML 側では、クラスを使いたい要素で「class=" クラス名 "」という属性をつけます。例えば、**リスト 2.4** のように p 要素に「update」というクラスが定義されているとします。この場合、HTML の p 要素を**リスト 2.5** のように書きます。

リスト 2.3　クラスを使う場合の書き方
要素名 . クラス名 { プロパティ : 値 ; プロパティ : 値 ; ……; プロパティ : 値 ; }

リスト 2.4　p 要素のうち、『update』というクラスが指定されているものだけ、文字色を赤にする
p.update { color : red; }

リスト 2.5　p 要素に update クラスのスタイルを適用する書き方
<p class="update"> 段落の内容 </p>

● 要素に関係しないクラスを定義する

前述したように、「要素名 . クラス名 { …… }」という形でクラスを定義すると、そのクラスはその要素でのみ有効になります。しかし、場合によっては、要素に関係なく、同じクラスを使いたいこともあります。そのような時には、「. クラス名 { …… }」のように、セレクタにはクラス名だけを指定するようにします。

例えば、**リスト 2.6** のようにクラスを定義したとします。この場合、**リスト 2.7** のように書けば、この p 要素（段落）は文字色が赤になります。また、**リスト 2.8** のように書けば、td 要素（表のセル）は文字色が赤になります。

リスト 2.6　要素に関係しないクラスを定義する例
.update { color : red; }

リスト 2.7　p 要素（段落）の文字を赤くする
<p class="update"> 段落の内容 </p>

リスト 2.8　td 要素（表のセル）の文字を赤くする
<td class="update"> 段落の内容 </td>

IDを指定する

　HTMLの要素に「id="○○○"」の属性を指定すると、その要素にIDをつけることができます。このIDを利用して要素を特定し、その要素にだけスタイルシートを適用することもできます。この場合の書き方は、**リスト2.9**のようになります。

　例えば、HTMLのテンプレートの中に、**リスト2.10**のようなdiv要素があるとします。この場合、このdiv要素の背景色を水色にするには、**リスト2.11**のような書き方をします。

リスト2.9　IDを使う場合の書き方
```
#ID名 { プロパティ : 値 ; プロパティ : 値 ; …… ; プロパティ : 値 ; }
```

リスト2.10　IDがつけられたdiv要素の例
```
<div id="header">
.
.
.
</div>
```

リスト2.11　リスト2.10のdiv要素の背景色を水色にする
```
#header { background-color : aqua; }
```

階層を指定する

　HTMLでは要素の中にさらに要素が入り、階層構造ができます。例えば、**リスト2.12**のHTMLは、**図2.1**のような階層構造になります。

　このような階層構造を使って、スタイルシートを適用する対象を限定することもできます。それには、セレクタを指定する際に、上の階層から順に要素名やクラスなどを並べ、それぞれの間をスペースで区切ります。

　例えば、**リスト2.13**のようにすると、「『entry』クラスがつけられたdiv要素の中にあるp要素では、文字の色を赤にする」という意味になります。

　もし、HTMLが**リスト2.12**のようになっているなら、「『entry』クラスがつけられたdiv要素」が外側にあって、その中にp要素がある状態ですので、このp要素では文字が赤色になります。

2-2 外部スタイルシートの基本

📄 **リスト 2.12　HTML の一例**

```
<div class="entry">
<p> 今日は <a href="http://www.tokyotower.co.jp"> 東京タワー </a> に行きました。</p>
<p> 展望台から富士山が見えました。</p>
</div>
```

▼ **図 2.1**　リスト 2.12 の HTML の階層構造

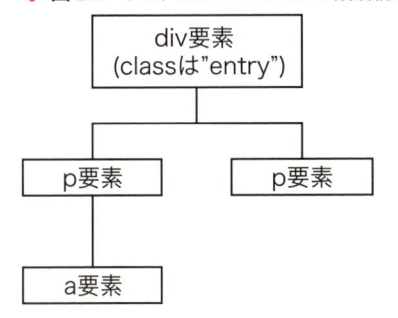

```
        div要素
     (classは"entry")
       /        \
    p要素      p要素
      |
    a要素
```

📄 **リスト 2.13　階層を使う例**

```
div.entry p { color : red; }
```

🦆 カスタマイズによるトラブルを防ぎやすくする

　1 つのスタイルシートの中で、同じセレクタの同じプロパティに違う値を指定することもできます。その場合、後から指定した方が有効になります。

　例えば、スタイルシートのテンプレートに **リスト 2.14** のような部分を入れたとします。段落（p 要素）の font-size プロパティに違う値を設定していますが、この場合は後の指定の 16px が有効になります。

　既存のスタイルシートをカスタマイズする場合、この仕組みを利用すると、トラブルを防ぎやすくなります。

　例えば、既存のスタイルシートを直接に書き換えて、カスタマイズを行おうとするとします。この場合、書き替え方が良くないと、ページのレイアウトがおかしくなってしまったりします。その時に、書き替えた個所を元に戻してやり直すには、元のスタイルシートをバックアップしておくなどすることが必要になります。

　そこで、既存のスタイルシートを書き換えるのではなく、スタイルシートのテンプレートの末尾に、カスタマイズした新しいスタイルシートを追加するようにします。例えば、**リスト 2.15** のような形にします。

　こうすれば、カスタマイズに失敗したとしても、追加した部分を削除すれば、元の表示に戻すこ

とができます。

なお、**リスト2.15**をみると、「/* ここからカスタマイズ部分 */」の行があります。「/*」と「*/」で囲んだ部分は「コメント」と呼ばれ、Webブラウザには無視される（コメントがない時と同じように扱われる）ようになっています。スタイルシートを後で見直すこともありますので、コメントを適宜追加しておいて、内容を把握しやすいようにしておくと良いでしょう。

リスト2.14　同じセレクタの同じプロパティに違う値を指定する

```
p { font-size : 12px; }
p { font-size : 16px; }
```

リスト2.15　スタイルシートのテンプレートの末尾に、カスタマイズした新しいスタイルシートを追加する

```
・
・
（既存のスタイルシートのテンプレート）
・
・

/* ここからカスタマイズ部分 */
・
・
（カスタマイズで追加する部分）
・
・
```

2-3 スタイルシートをカスタマイズする

この節では、スタイルシートを実際にカスタマイズする例をいくつか紹介します。実際によくありそうな例を取り上げます。

ページ全体の背景を変える

まず1つ目の例として、ページ全体の背景の色や画像を変える方法を紹介します。

ページ全体は、HTMLの「body」という要素で表されます。したがって、body要素に対して、background-colorやbackground-imageプロパティを設定することで、ページ全体の背景を変えることができます。

● 背景を単色にする

背景を単色にする場合は、background-colorプロパティでその色を指定します。ただし、既存のスタイルシートでbackground-imageプロパティが指定されている場合、そちらが優先されて背景に画像が表示されます。そこで、「background-image : none;」という行を追加して、背景の画像の設定を無効にします。

例えば、スタイルシートのテンプレートの最後に、**リスト2.16**を追加したとします（**画面2.9**）。この場合、背景の色が黒（black）一色になります（**画面2.10**）。

リスト2.16　背景を水色にする

```
body {
    background-color : black;
    background-image : none;
}
```

▼ **画面 2.9** スタイルシートのテンプレートの最後にリスト 2.16 を入力したところ

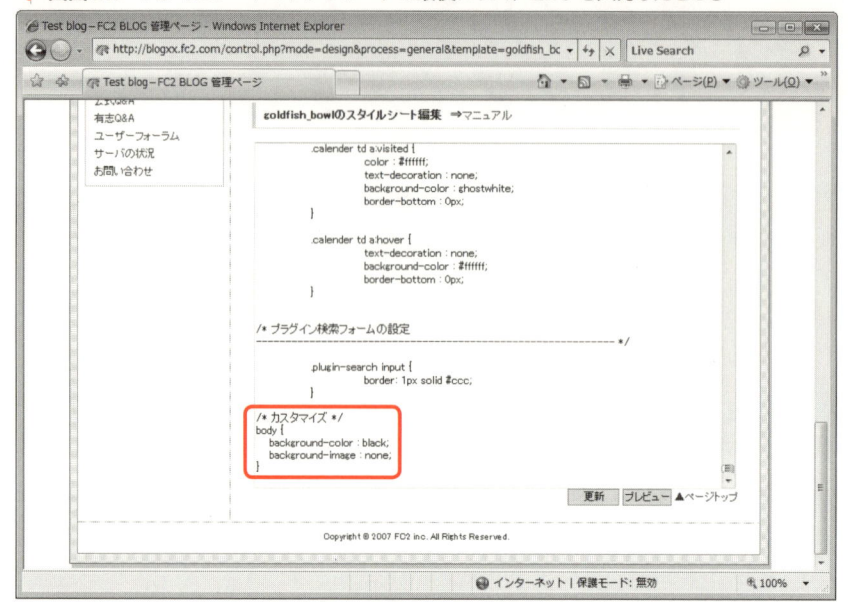

▼ **画面 2.10** スタイルシートを適用して表示した例

● 背景を画像にする

　一方、背景を画像にする場合は、background-image プロパティでその画像のアドレスを指定します。

　ただし、それだけだと、background-color プロパティの背景色が先に表示され、その後に背景画像が表示されます。これは見た目上やや格好が悪いです。そこで、「background-color：

transparent;」という行をスタイルシートのテンプレートに追加し、背景の色を透明にするようにします。これで、背景画像だけが表示されるようになります。

また、background-image プロパティを設定するだけでは、背景画像が繰り返して表示されない場合があります。それに備えて、「background-repeat : repeat;」という文も入れておくようにします。

例えば、「http://someblog.blogxx.fc2.com/file/cork.jpg」に、コルク調の画像をアップロードしてあるとします。その画像を背景として使うには、スタイルシートのテンプレートの最後に**リスト 2.17**を追加します。

なお、スタイルシートのテンプレートに**リスト 2.17**を追加して（**画面 2.11**）、実際にページを表示してみると、**画面 2.12**のようになります。

リスト 2.17　背景をコルク調の画像にする

```
body {
    background-color : transparent;
    background-image :url(http://someblog.blogxx.fc2.com/file/cork.jpg);
    background-repeat : repeat;
}
```

▼**画面 2.11**　スタイルシートのテンプレートにリスト 2.17 を追加したところ

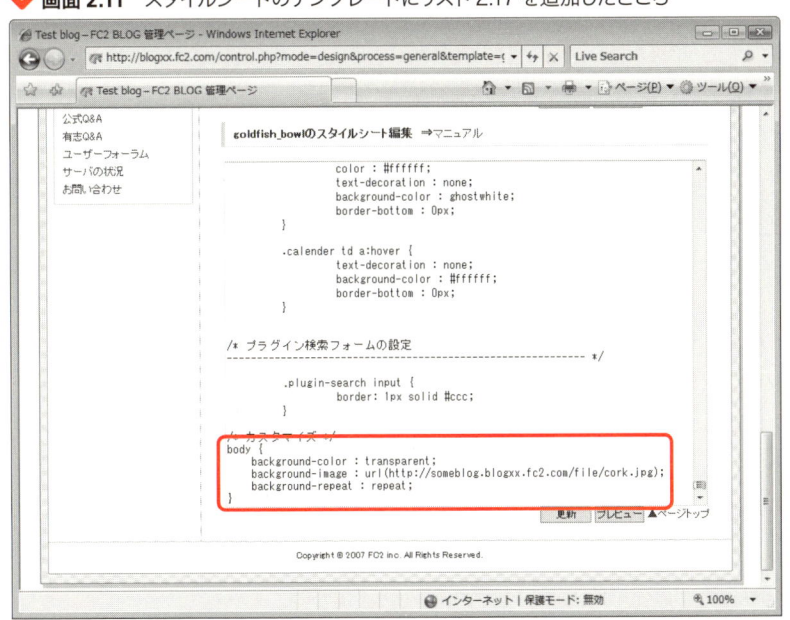

第 2 章　テンプレートをカスタマイズする

▼ **画面 2.12**　スタイルシートのテンプレートにリスト 2.17 を追加した場合の表示例

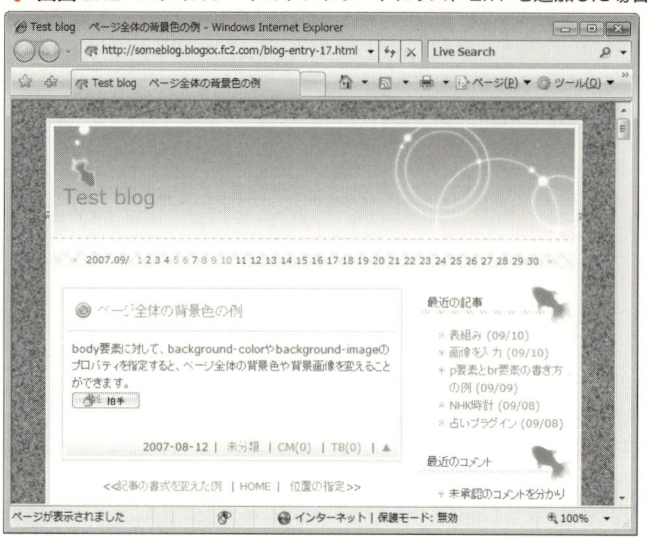

ヘッダー部分の背景画像を変える

　ブログの各ページの先頭には、ブログの名前や概要が表示されます。この部分のことを、「ヘッダー」と呼びます。ヘッダーの背景にも画像が表示されていることが多いですが、この画像も変えることができます。

　ただし、テンプレートの種類によって、ヘッダー部分の HTML の組み方が異なり、カスタマイズが難しいものもあります。特に、共有テンプレートでは HTML の組み方の差が大きいです。ここでは、FC2 公式テンプレートで一般的に使われているパターンを例に、カスタマイズの方法を解説します。

● ヘッダー部分の ID を調べる

　まず、HTML のテンプレートを見て、ヘッダー部分につけられている ID を調べます。

　FC2 の公式テンプレートでは、ヘッダーの部分は**リスト 2.18** のようなタグの組み合わせになっていることが多いです。「header」という ID がつけられた div 要素があり、その中にブログの名前と概要を表示する、というスタイルです。

　また、テンプレートによっては、div 要素の ID が「header」ではなく、「banner」になっていることもあります。

2-3 スタイルシートをカスタマイズする

リスト 2.18　公式テンプレートのヘッダー部分

```
<div id="header"><!-- header -->
    <h1><a href="<%url>" accesskey="0" title="<%blog_name>"><%blog_name></a></h1>
    <p><%introduction></p>
</div><!-- /header -->
```

● スタイルシートの追加

ヘッダー部分の div 要素の ID が「header」になっている場合、スタイルシートのテンプレートに**リスト 2.19** のような部分を追加することで、ヘッダー部分の背景画像を変えることができます。63 ページでページ全体の背景を指定する方法を紹介しましたが、それと同じ要領です。

リスト 2.19　ヘッダー部分の背景画像を指定する

```
div#header {
    background-color : transparent;
    background-image : url( 背景画像の URL);
    background-repeat : repeat;
}
```

● ヘッダーにぴったり納まる画像を使う

場合によっては、ヘッダーにぴったりと納まるような画像を使いたいこともあります。このときは、ヘッダー部分の縦横のサイズを調べて、画像のサイズをヘッダー部分のサイズに合わせることが必要になります。

スタイルシートのテンプレートをみると、ヘッダー部分のサイズが分かることが多いです。スタイルシートのテンプレートで「#header」の部分を検索すると、その中に「width : ○○ px;」「height : □□ px;」のような記述があることが多いです。これらがヘッダー部分の幅と高さを表しています。

そこで、何らかの画像編集ソフトを利用して、画像のサイズをヘッダーのサイズに合わせてからアップロードします。そして、スタイルシートをカスタマイズして、ヘッダーの背景にその画像を使うようにします。

個々の記事の書式を指定する

記事の文字の色を変えたり、背景に画像を入れたりすることもできます。

公式テンプレートの場合、個々の記事の HTML は**リスト 2.20** のような構造になっていることが多いです。したがって、**リスト 2.21** のように各クラスをカスタマイズすることで、記事の書式を変えることができます。

例えば、スタイルシートのテンプレートに**リスト 2.22** を追加したとします（**画面 2.13**）。すると、以下のように記事が表示されるようになります（**画面 2.14**）。

①記事のタイトルは 16 ポイントの文字で表示されます。
②記事本文は 14 ポイントで赤色の明朝で表示されます。
③記事のフッターは 6 ポイントの文字で表示されます。

リスト 2.20　個々の記事の構造

```
<div class="main_body">
<h2 class="entry_header"> 記事のタイトルを出力する部分 </h2>
<div class="entry_body"> 記事の本文を出力する部分 </div>
<div class="entry_footer"> 記事のフッター（日付など）を出力する部分 </div>
</div>
```

リスト 2.21　記事の文字の色を変更する

```
div.main_body h2.entry_header { 記事のタイトル部分の書式 }
div.main_body div.entry_doby { 記事の本文の書式 }
div.main_body div.entry_footer { 記事のフッターの書式 }
```

リスト 2.22　記事の書式を変える例

```
div.main_body h2.entry_header {
    font-size : 16pt;
}
div.main_body div.entry_body {
    font-size : 14pt;
    font-family : 'ＭＳ Ｐ明朝', 'ヒラギノ明朝 Pro W3', 'Hiragino Mincho Pro', serif;
    color : red;
}
div.main_body div.entry_footer {
    font-size : 6pt;
}
```

2-3 スタイルシートをカスタマイズする

▼**画面 2.13** スタイルシートにリスト 2.22 を追加したところ

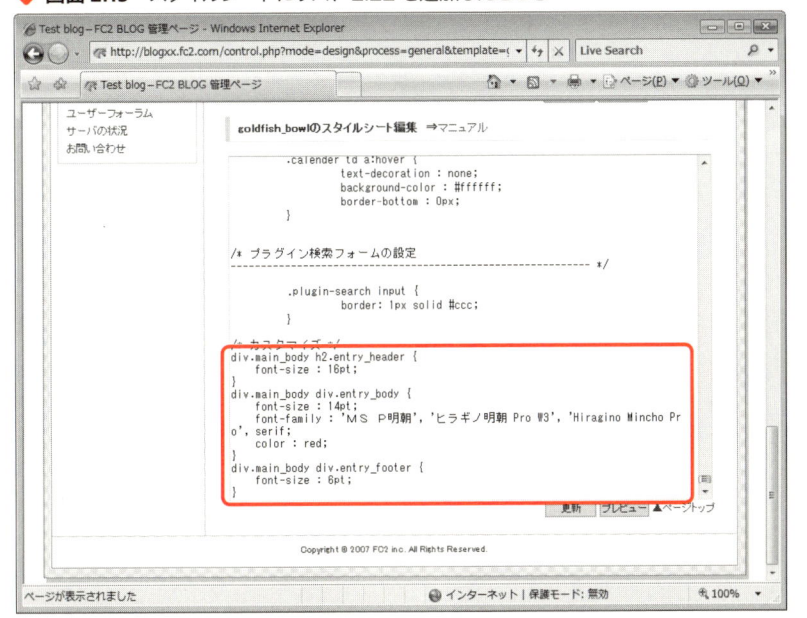

▼**画面 2.14** 記事の書式をカスタマイズした例

よく使う書式をクラスに定義しておく

　p要素（段落）等にstyle属性を指定することで、個々の要素の書式を設定することができます（28ページ参照）。しかし、style属性を毎回書くのは面倒なことです。

　そこで、よく使う書式をクラスに定義しておいて、記事を書く際にそのクラスを使うようにすれば便利です。

　例えば、「目立たせたい文字は、サイズを通常の2倍にし、背景を赤、文字を白にする」ということをいつも行っているとしましょう。この書式を「remark」というクラスで定義する場合、スタイルシートのテンプレートの末尾に、**リスト2.23**のようにクラスを定義しておきます（**画面2.15**）。

　この状態で、記事に**リスト2.24**を入力したとします（**画面**2.16）。すると、「class="remark"」をつけた段落（p要素）や文字（span要素）が、サイズが通常の2倍／背景が赤／文字が白で表示されます（**画面**2.17）。

リスト2.23　目立たせる書式をクラスで定義した例

```
.remark {
    font-size : 2em;
    background-color : red;
    color : white;
}
```

リスト2.24　リスト2.23のクラスを使う例

```
<p class="remark">段落全体を目立たせたい場合は、その段落（p要素）に「class="remark"」の属性を
つけます。</p>
<p>一部の文字を<span class="remark">目立たせたい</span>場合は、その文字をspan要素で囲み、
span要素に「class="remark"」の属性をつけます。</p>
```

2-3 スタイルシートをカスタマイズする

▼ **画面 2.15** スタイルシートのテンプレートにリスト 2.23 を入力したところ

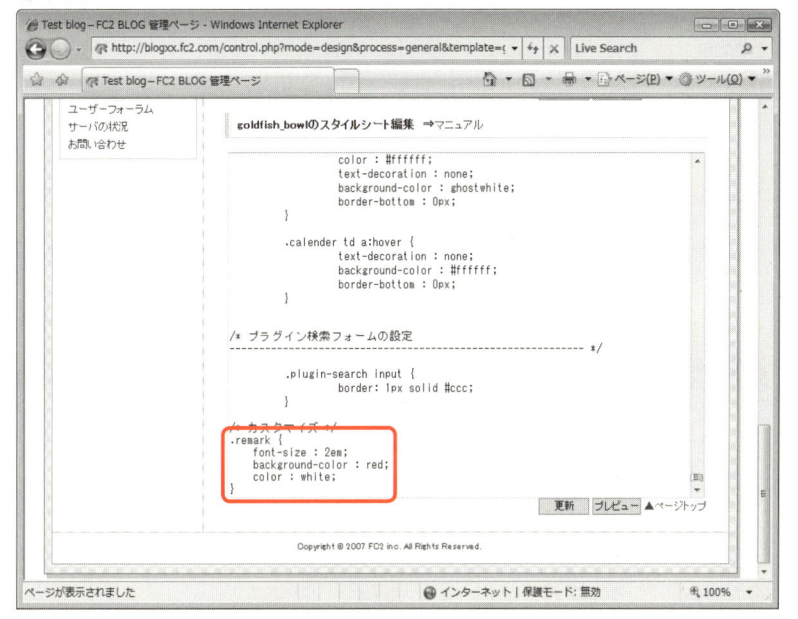

▼ **画面 2.16** 記事にリスト 2.24 を入力したところ

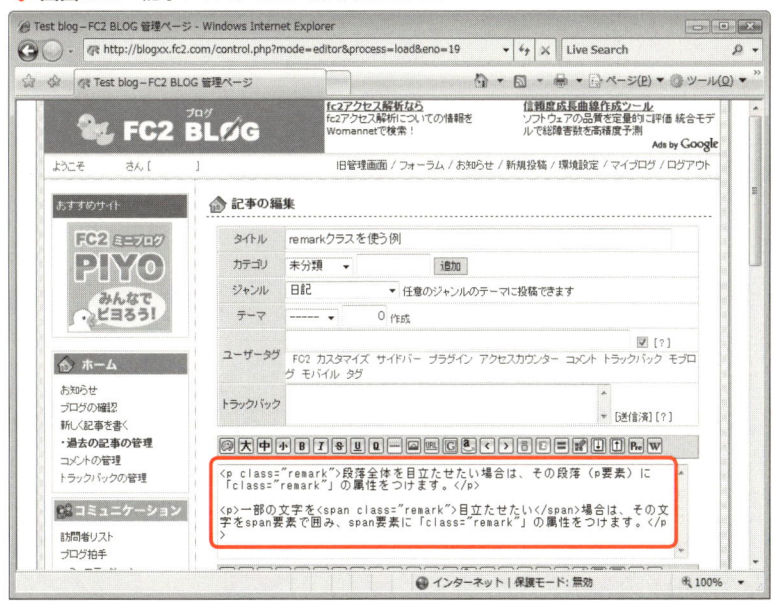

▼ **画面 2.17**　リスト 2.23 ／リスト 2.24 に基づいた表示の例

写真に余白と枠をつける

　記事に写真を表示する際に、写真の周囲に余白を入れ、さらに枠をつけると、より写真らしく見えます。それには、スタイルシートのテンプレートの末尾に**リスト 2.25** を追加します（**画面 2.18**）。
　この状態で、記事を書く際に img 要素（画像）に「class="photo"」をつけると、その画像の周りには 10 ピクセルの余白がつき、さらに周りに 1 ピクセルの枠が表示されます。
　また、「class="photo_left"」をつけると、その写真は左寄せになり、その後の文章が写真の右に回り込みます。さらに、「class="photo_right"」をつけると、その写真は右寄せになり、その後の文章が写真の左に回り込みます。ただし、photo_left または photo_right を使う場合、回り込みを解除する位置に「<br style="clear : both;" />」のタグを入れます。
　例えば、「http://someblog.blogxx.fc2.com/file/bridge.jpg」に写真をアップロードしてあるとします。このときに、記事に**リスト 2.26** を入力して保存し（**画面 2.19**）、その記事を表示すると、**画面 2.14**のようになります（**画面 2.20**）。

■ リスト 2.25　写真に余白と枠をつける

```
img.photo {
    padding : 10px;
    border : 1px solid black;
    background-color : white;
}
img.photo_left {
    padding : 10px;
    border : 1px solid black;
    margin-right : 10px;
    margin-bottom : 10px;
    float : left;
    background-color : white;
}
img.photo_right {
    padding : 10px;
    border : 1px solid black;
    margin-left : 10px;
    margin-bottom : 10px;
    float : right;
    background-color : white;
}
```

■ リスト 2.26　「class="photo"」などを使う例

```
<p>
通常の表示です。<br /><img src="http://someblog.blogxx.fc2.com/file/bridge.jpg" width="200" height="150" class="photo" alt="橋" />
</p>
<p>
<img src="http://someblog.blogxx.fc2.com/file/bridge.jpg" width="200" height="150" class="photo_left" alt="橋" />写真を左に寄せ、文字をその右に流し込みました。
<br style="clear : both;" />
</p>
<p>
<img src="http://someblog.blogxx.fc2.com/file/bridge.jpg" width="200" height="150" class="photo_right" alt="橋" />写真を右に寄せ、文字をその左に流し込みました。
<br style="clear : both;" />
</p>
```

第2章 テンプレートをカスタマイズする

▼ **画面 2.18** スタイルシートのテンプレートにリスト 2.25 を入力したところ

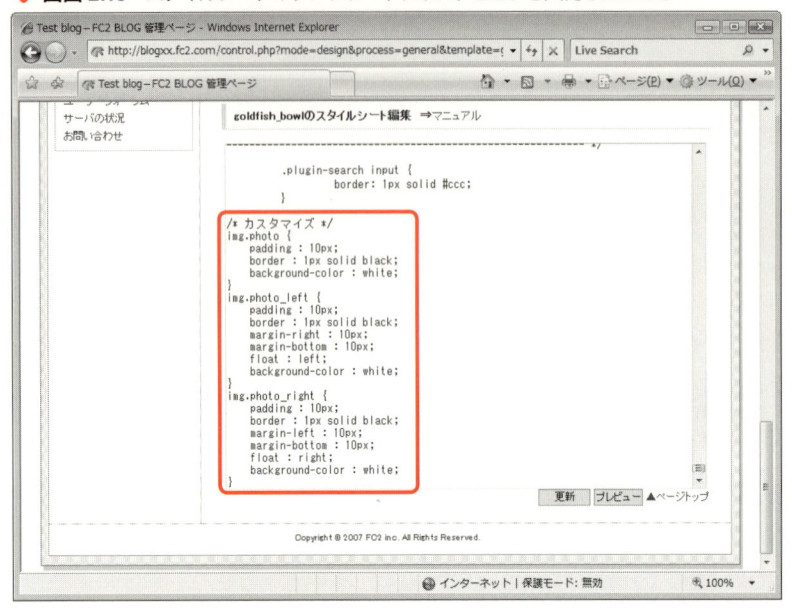

▼ **画面 2.19** 記事にリスト 2.26 を入力したところ

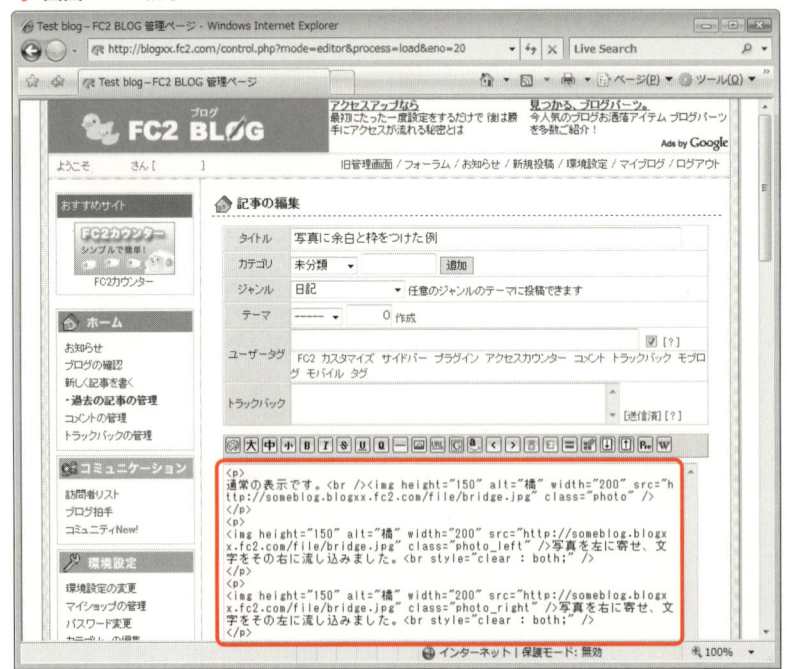

2-3 スタイルシートをカスタマイズする

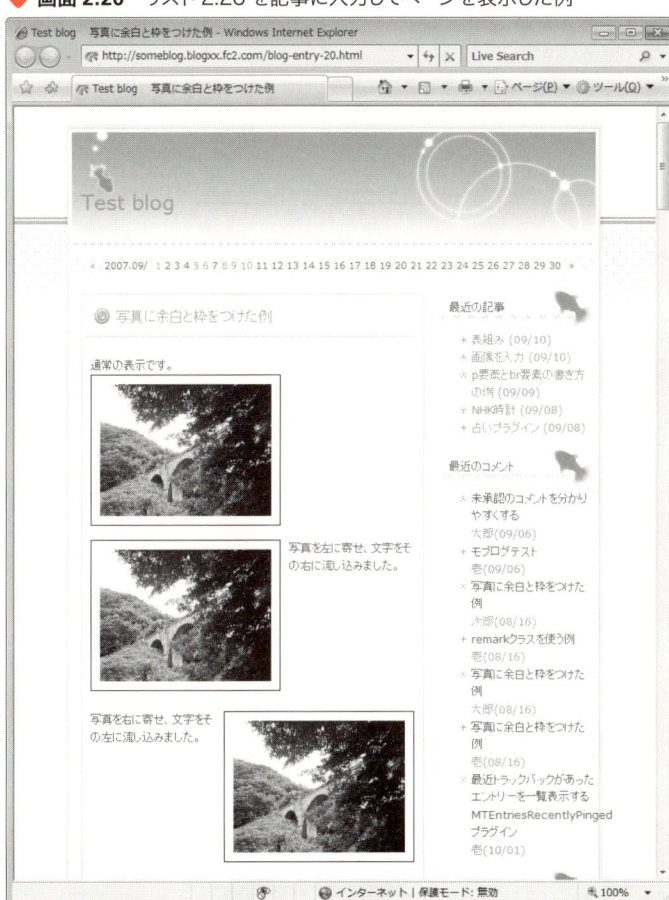

❤ **画面 2.20** リスト 2.26 を記事に入力してページを表示した例

第 2 章　テンプレートをカスタマイズする

2-4　最近のコメントやトラックバックをツリー化する

　FC2 ブログでは、最近についたコメントやトラックバックをサイドバーに表示することができます。これを、「ツリー化」と呼ばれる表示方法にカスタマイズすると、より見やすくなります。そこでこの節では、ツリー化の方法を解説します。

ツリー化とは？

　FC2 ブログの多くのテンプレートでは、最近についたコメントやトラックバックが、サイドバーに表示されるようになっています。標準では、**画面 2.21** のように、コメント／トラックバックがついた日時の順に表示されます。

　ただ、この表示だと、記事とコメント／トラックバックの関係がわかりにくいです。そこで、記事ごとにコメント／トラックバックをまとめて、**画面 2.22** のような形式で表示するカスタマイズが、よく使われています。このようなカスタマイズを「ツリー化」と呼びます。

　なお、ここでは、プラグインに対応したテンプレートでツリー化を行う手順を解説します。

▼ **画面 2.21**　最近のコメント／トラックバックの通常の表示

▼ **画面 2.22** ツリー化した後の表示

プラグインの書き換え

　プラグインに対応したテンプレートでは、最近のコメントと最近のトラックバックを表示する部分は、テンプレートの中ではなく、通常は「プラグイン」の中に入っています。

　「プラグイン」とは、サイドバーに表示する項目を部品化したものです。プラグインを追加／削除したり、順序を並べ替えたりすることで、手軽にサイドバーをカスタマイズできるようになっています。

　最近のコメント／トラックバックをツリー化するには、まずそれらに対応するプラグインを書き換えて、ツリー化するための準備を行います。

●「最近のコメント」のプラグインを書き換える

　まず、「最近のコメント」のプラグインを書き換えます。

　管理者ページにログインするとページの左端にメニューが表示されますが、「環境設定」のメニューの中に「プラグインの設定」の項目がありますので、それをクリックします。

　すると、プラグインの設定のページが開き、プラグインの一覧が表示されます。通常は、「プラグインカテゴリ1」の部分に「最近のコメント」がありますので、「最近のコメント」の行にある「詳細」のリンクをクリックします（**画面 2.23**）。

第2章 テンプレートをカスタマイズする

　これで、「最近のコメント」プラグインを設定するページが表示されます。その最後の「プラグインの改造」のところで「【HTMLの編集】」のリンクをクリックすると、プラグインのHTMLを編集する状態になります。元から入力されているHTMLをすべて削除し、**リスト2.27**のHTMLに差し替えて、「変更」ボタンをクリックします（**画面2.24**）。

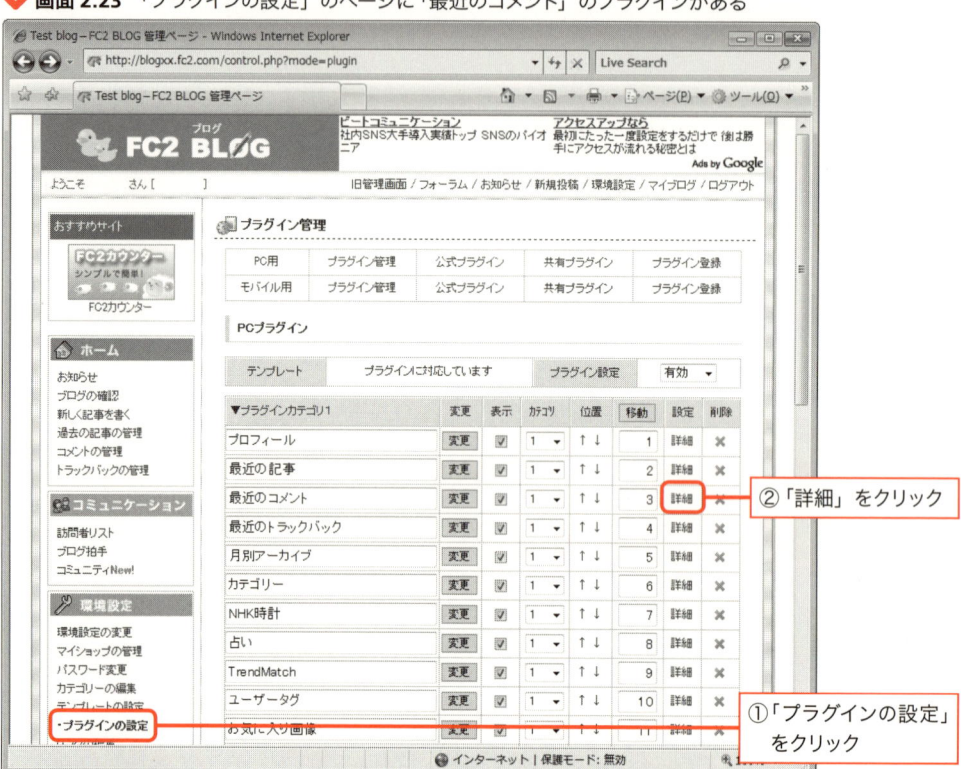

▼ **画面2.23** 「プラグインの設定」のページに「最近のコメント」のプラグインがある

2-4 最近のコメントやトラックバックをツリー化する

▼ **画面2.24** プラグインのHTMLを差し替える

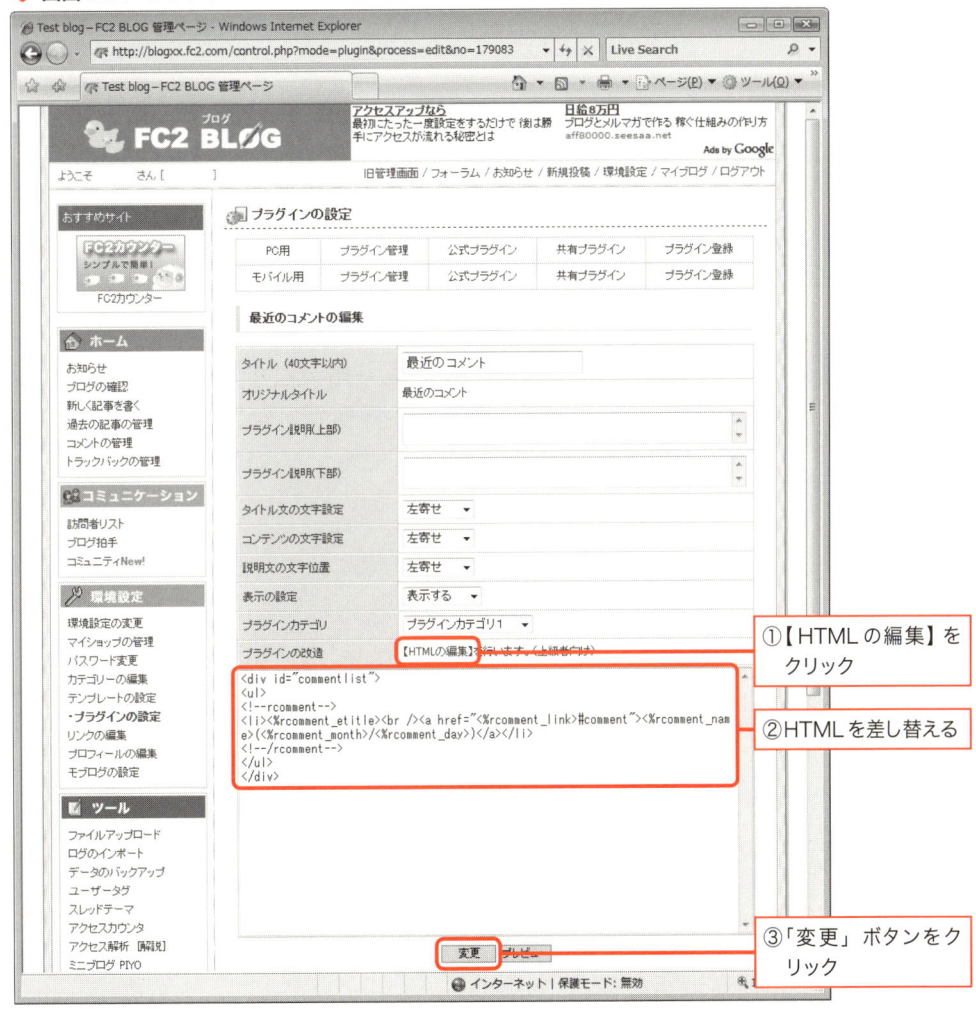

① 【HTMLの編集】をクリック
② HTMLを差し替える
③ 「変更」ボタンをクリック

📄 リスト2.27 「最近のコメント」の差し替え用HTML

```
<div id="commentlist">
<ul>
<!--rcomment-->
<li><%rcomment_etitle><br /><a href="<%rcomment_link>#comment"><%rcomment_name> 📧
(<%rcomment_month>/<%rcomment_day>)</a></li>
<!--/rcomment-->
</ul>
</div>
```

79

●「最近のトラックバック」のプラグインを書き換える

次に、最近のコメントと同様の要領で、「最近のトラックバック」のプラグインも書き換えます。

「プラグインの設定」のページを開くと（78ページの**画面2.23**）、プラグインの一覧に「最近のトラックバック」があります。「最近のコメント」と同じ要領で、プラグインのHTMLを**リスト2.28**のものに差し替えて、「変更」ボタンをクリックします。

📖 リスト2.28 「最近のトラックバック」の差し替え用HTML

```
<div id="tblist">
<ul>
<!--rtrackback-->
<li><%rtrackback_etitle><br /><a href="<%rtrackback_link>#trackback">
<%rtrackback_blog_name>(<%rtrackback_month>/<%rtrackback_day>)</a></li>
<!--/rtrackback-->
</ul>
</div>
```

🦆 HTMLのテンプレートの書き換え

次に、HTMLのテンプレートに、ツリー化を行うためのスクリプト（JavaScript[注]）を追加します。

[注] JavaScript

JavaScriptとは、ホームページの表示などをカスタマイズするためのプログラム言語で、HTMLに組み込んで利用します。動きのあるホームページを作る時など、多くの場面でJavaScriptが利用されています。

● スクリプトの入手

ツリー化のカスタマイズでは、「ツリー化スクリプト Ver.2」というJavaScriptを利用します。まずこのスクリプトのコードを入手します。

ツリー化スクリプト Ver.2は、「JUGEMカスタマイズ講座」というブログの以下のページで配布されています。

URL http://nz.jugemers.net/log/eid31.html

このページに接続すると、その途中にスクリプトのコードが表示されています（**画面2.25**）。「`<script type="text/javascript">`」の行から、その点線枠の最後にある「`</script>`」の行までをコピーします。

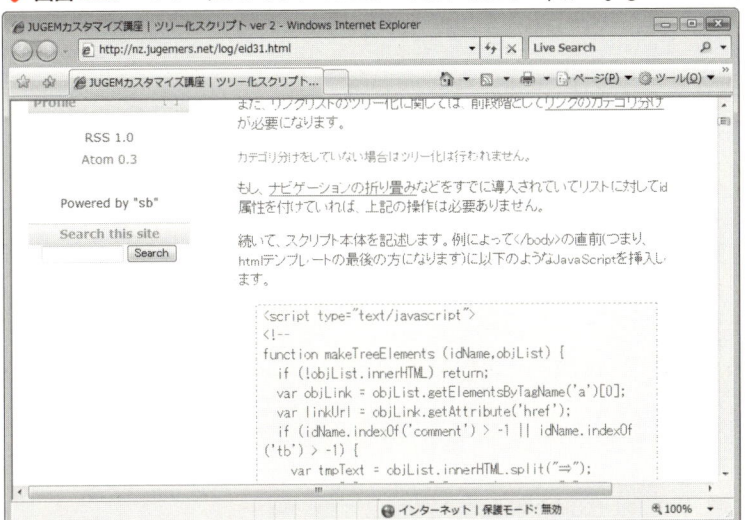

▼ **画面 2.25** 「ツリー化スクリプト Ver.2」の先頭の部分（http://nz.jugemers.net/log/eid31.html）

● スクリプトの組み込み

　次に、FC2ブログの管理者ページに戻って、HTMLのテンプレートに、先ほどコピーしたスクリプトを組み込みます。

　管理者ページで左端のメニューの「テンプレートの設定」をクリックし、テンプレートの設定のページを開きます。そして、テンプレートの一覧の中で、ツリー化を組み込みたいテンプレートの行で、「編集」のリンクをクリックして、テンプレートを編集する状態にします。

　HTMLのテンプレートを一番下までスクロールすると、最後に「</body>」と「</html>」の行があります。それらの行の間に、先ほどコピーしたツリー化スクリプトを貼り付けて、「更新」ボタンをクリックします（**画面2.26**）。

　ここまでで、ツリー化の基本は完成です。ブログを表示してみて、最近のコメントとトラックバックが記事ごとにまとめられていることを確認します（**画面2.27**）。

第2章 テンプレートをカスタマイズする

▼**画面 2.26** HTMLのテンプレートにツリー化のスクリプトを貼り付けたところ

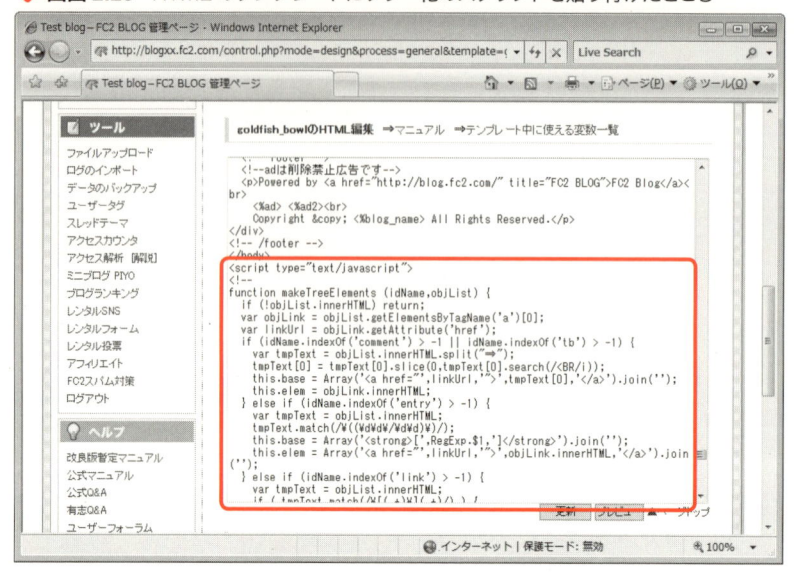

▼**画面 2.27** 最近のコメントとトラックバックが記事ごとにまとめられた

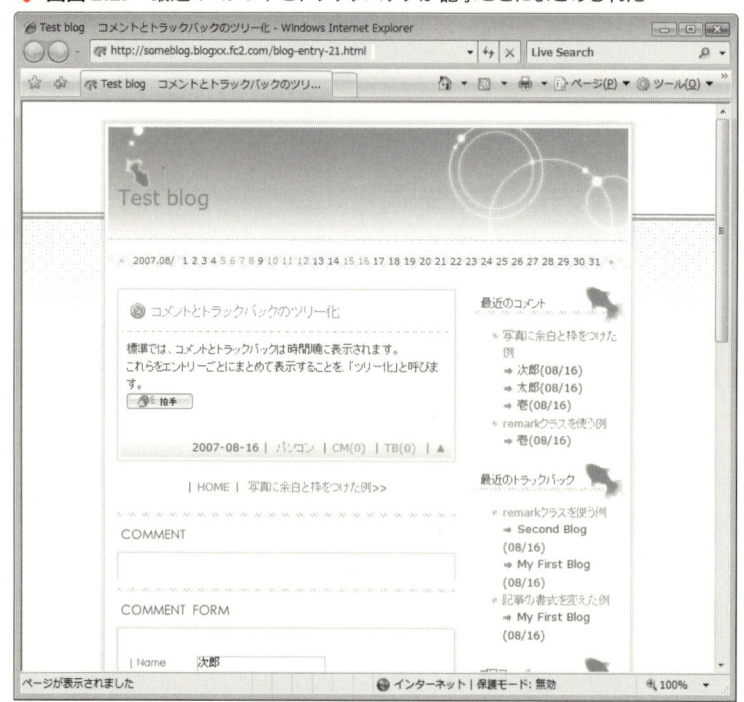

ツリーの線を表示する

77ページの**画面2.22**では、ツリーの状態が線で表示されています。ところが、ここまでのカスタマイズでは、まだ線は表示されません。線を表示するためには、さらにカスタマイズを行います。

● ツリー用の画像の準備

まず、ツリー用の線の画像を入手し、それをFC2ブログにアップロードします。「JUGEMカスタマイズ講座」のブログの以下のページの中に、ツリー用の画像があります(**画面2.28**)。

URL http://nz.jugemers.net/log/eid32.html

「通常用」と「末端用」の2つの画像がありますので、両方とも自分のパソコンにダウンロードします。

Internet Explorerの場合、画像をマウスの右ボタンでクリックするとメニューが表示されますので、その中の「対象をファイルに保存」を選びます。すると、ファイル名を指定する画面が開きます。
通常用を保存する際には、「ファイル名」の欄に「tree.gif」という名前を入力します(**画面2.29**)。同様に、末端用のファイル名は「tree_end.gif」にします

▼ **画面2.28** ツリー用の線の画像

第2章　テンプレートをカスタマイズする

▼**画面 2.29**　通常用のファイルに「tree.gif」という名前をつけて保存する

● 画像をアップロードする

次に、通常用／末端用のそれぞれの画像を、FC2 ブログにアップロードします。アップロードの手順は、18 ページで解説した通りです。

アップロードが終わったら、通常用／末端用それぞれの画像のアドレスを調べておきます。アドレスの調べ方は、19 ページを参照してください。

● スタイルシートのテンプレートを書き換える

次に、スタイルシートのテンプレートを開き、ツリー表示用のスタイルシートを追加します。

テンプレートを編集する状態にして（55 ページ参照）、スタイルシートのテンプレートの最後に、**リスト 2.29** を追加します。その際、「通常用画像のアドレス」「末端用画像のアドレス」の箇所は、実際の画像のアドレスに置き換えます。

例えば、通常用／末端用の各画像のアドレスが以下のようになっている場合、**画面 2.30** のようにスタイルシートを追加します。

①通常用 → http://someblog.blogxx.fc2.com/file/tree.gif
②末端用 → http://someblog.blogxx.fc2.com/file/tree_end.gif

ただし、テンプレートの種類によっては、スタイルシートをさらに書き換えないと、ツリーの線が表示されないことがありました。例えば、本書で例にあげた「goldfish_bowl」のテンプレートの場合、**リスト 2.29** を**表 2.1** のように書き換える必要がありました。

📋 リスト 2.29　スタイルシートに追加する部分

```
ul.tree {
  list-style: none;
  margin: 0px;
  padding: 0px;
}
ul.tree li {
  margin: 0px;
  padding: 0px 0px 0px 16px;
```

```
        background-image: url( 通常用画像のアドレス );
        background-position : left top;
        background-repeat: no-repeat;
}
ul.tree li.end {
        background-image: url( 末端用画像のアドレス );
}
```

▼ **画面 2.30** スタイルシートのテンプレートにツリー表示用のスタイルシートを追加した例

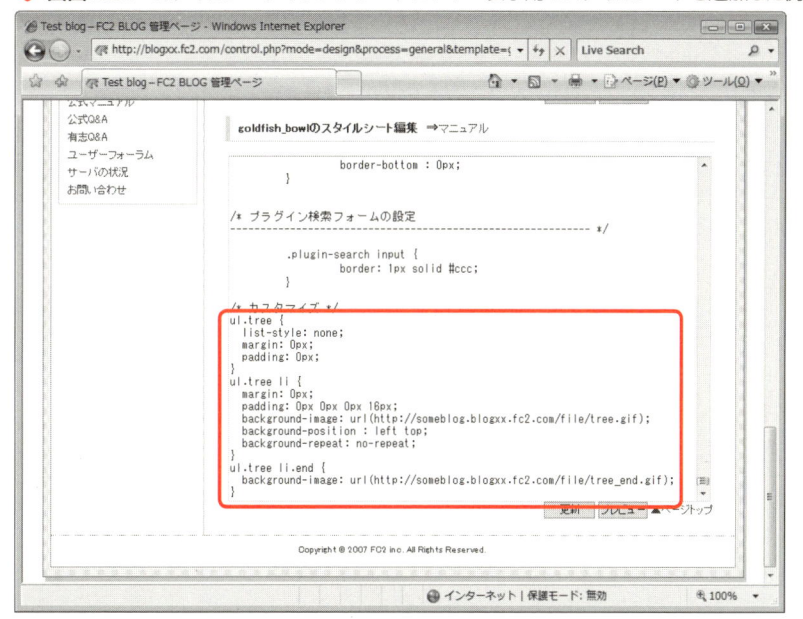

▼ **表 2.1** 「goldfish_bowl」でのスタイルシートの書き換え箇所

書き換える箇所	書き換え前	書き換え後
1 行目	ul.tree {	#right ul.tree {
6 行目	ul.tree li {	#right ul.tree li {
13 行目	ul.tree li.end {	#right ul.tree li.end {

● スクリプトの書き換え

　カスタマイズの前半で、ツリー表示用のスクリプトをHTMLのテンプレートに貼り付けました（81ページ参照）。ツリーの線を表示するには、このスクリプトの最後の方を一部書き換える必要があります。**リスト 2.30** の中で、網掛けで囲んだ部分が書き換える箇所です（**画面 2.31**）。

リスト 2.30　ツリーの線を表示するために書き換える箇所

```
・
・（略）
・
var gTreeOption = new Array;
gTreeOption['sort'] = false;        /* ツリー内の表示順 true: 並び替える false: そのまま */
gTreeOption['list'] = '<li class="lst">';     /* ツリー用マーク（通常）*/
gTreeOption['end']  = '<li class="end">';     /* ツリー用マーク（末端）*/
gTreeOption['leef'] = '</li>\n'; /* 各枝の末尾 */
gTreeOption['top']  = '<ul class="tree">'; /* ツリー本体の最初 */
gTreeOption['btm']  = '</ul>';              /* ツリー本体の最後 */
createTreeList('newentrylist',gTreeOption); // 最新エントリリストのツリー化
createTreeList('entrylist',gTreeOption);    // エントリリストのツリー化
createTreeList('commentlist',gTreeOption);  // 最新コメントリストのツリー化
createTreeList('tblist',gTreeOption);       // 最新トラックバックリストのツリー化
createTreeList('linklist',gTreeOption);     // リンクリストのツリー化
// -->
</script>
```

▼ **画面 2.31**　スクリプトを書き換えたところ

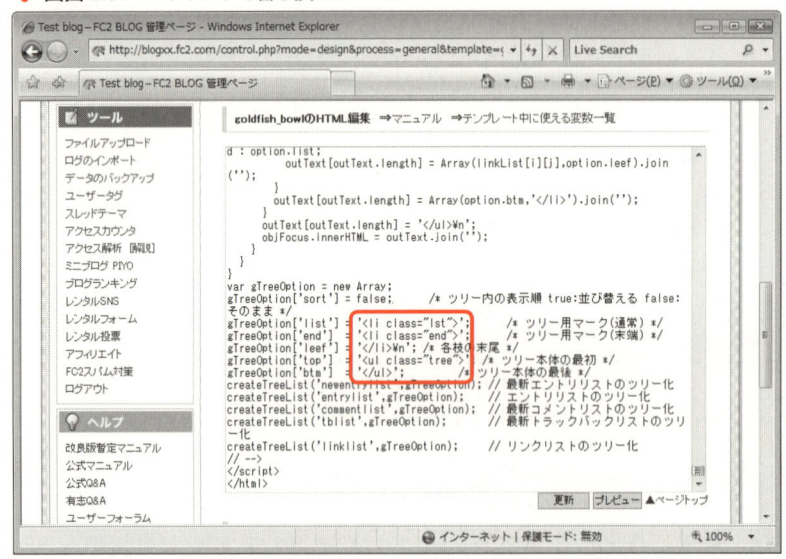

● カスタマイズの完成

　ここまででカスタマイズは完成です。テンプレートを保存してブログを表示し、ツリーの線が表示されることを確認します。

2-5 → サイドバーの折りたたみ

　サイドバー関連のカスタマイズの中で、ツリー化と並んで「折りたたみ」も人気が高いものです。この節では、サイドバーの折りたたみの方法を解説します（ただし、プラグイン対応のテンプレートにのみ対応）。

サイドバーの折りたたみとは？

　前の節でプラグインを紹介しましたが、プラグインを追加して、サイドバーにいろいろなものを表示することができます。例えば、アクセスカウンターを表示したり、メール送信用のフォームを表示したりすることができます。

　ただ、サイドバーにいろいろなものを追加すると、サイドバーがどんどん長くなってしまいます。そこで、サイドバーの各項目の表示／非表示を切り替えられるようにして、サイドバーをすっきりとさせることができるカスタマイズがあります。これを「折りたたみ」と呼びます（**画面 2.32**、**画面 2.33**）。

▼ **画面 2.32**　サイドバーの各項目をすべて開いた状態

第 2 章　テンプレートをカスタマイズする

▼ **画面 2.33**　サイドバーの各項目をすべて折りたたんだ状態

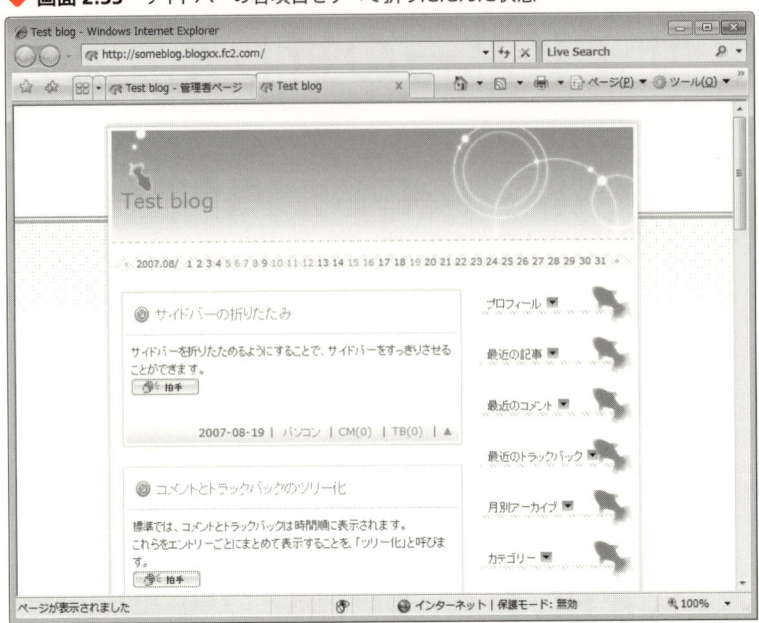

折りたたみのスクリプトをダウンロードする

　折りたたみを行うには、スクリプト（JavaScript）が必要です。いくつかのスクリプトが公開されていますが、筆者も FC2 ブログ用の折りたたみスクリプトを公開しています。以下のアドレスからダウンロードすることができます。

`URL` http://www.h-fj.com/script/fjmenufolder.js

　上記のアドレスに接続すると、ファイルをダウンロードするメッセージが表示されます（**画面2.34**）。「保存」のボタンをクリックし、次に表示される画面でファイルの保存先を指定します。

▼ **画面 2.34**　ファイルのダウンロード

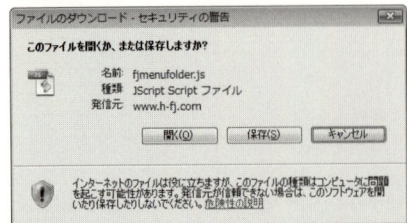

2-5 サイドバーの折りたたみ

折りたたみのスクリプトをアップロードする

次に、今ダウンロードしたスクリプトを、FC2ブログにアップロードします。

管理者ページにログインし、ページ左端のメニューで「ツール」のところにある「ファイルアップロード」をクリックして、アップロードのページを開きます。そして、アップロードするファイルとして、先ほどダウンロードした「fjmenufolder.js」ファイルを指定します。

アップロードが終わったら、アップロード済みファイルの一覧で「fjmenufolder.js」の行にある「表示」の文字を右クリックし、メニューの「ショートカットをコピー」を選びます(**画面2.35**)。これで、スクリプトのアドレスがコピーされます。メモ帳等を起動して、アドレスを貼り付けておくとよいでしょう。

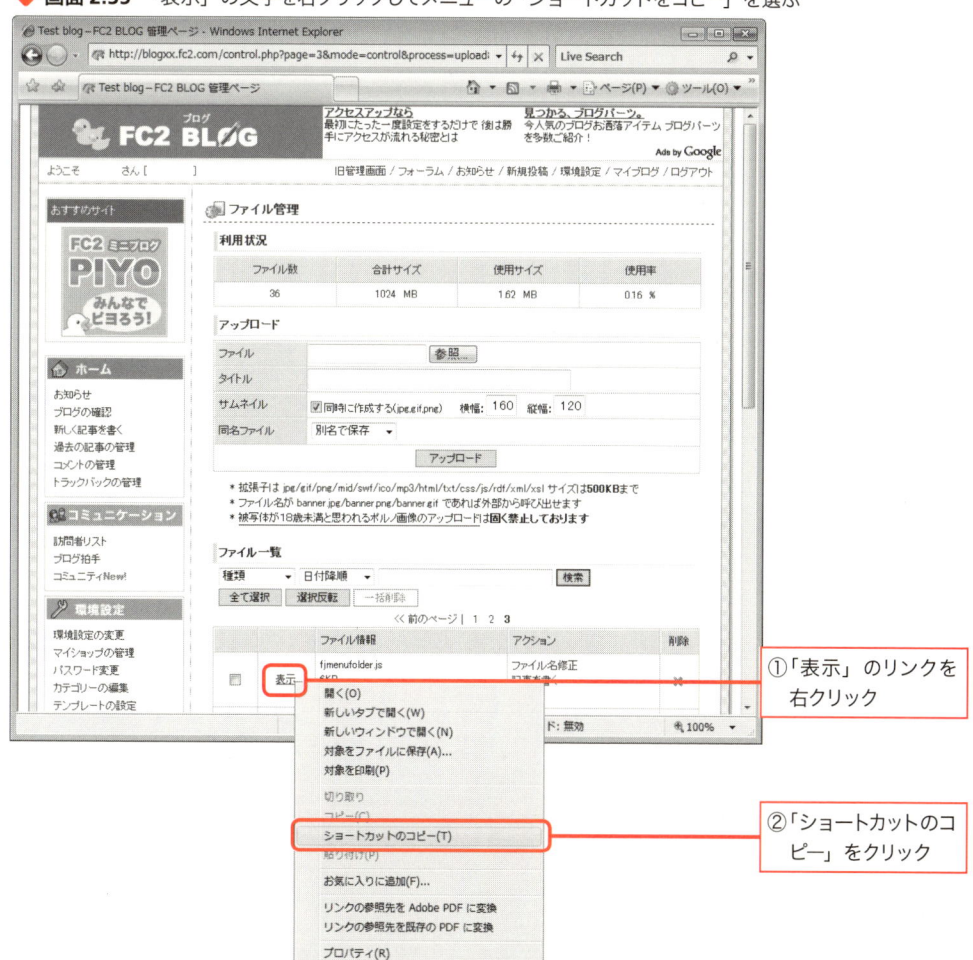

▼ **画面2.35** 「表示」の文字を右クリックしてメニューの「ショートカットをコピー」を選ぶ

①「表示」のリンクを右クリック

②「ショートカットのコピー」をクリック

89

HTMLのテンプレートにスクリプトを組み込む行を追加する

　折りたたみを行うためには、先ほどのスクリプトをHTMLに組み込む必要があります。そこで、HTMLのテンプレートを開き、そのための行を追加します。

　テンプレートを編集する状態にして、管理者ページの左端のメニューで「環境設定」にある「テンプレートの設定」を選び、テンプレート一覧のページを開きます。そして、折りたたみを組み込みたいテンプレートの行で、「編集」のリンクをクリックして、テンプレートを編集する状態にします。

　ここで、HTMLのテンプレートの中で、「</head>」の行を探し、その直前に以下の行を追加します。「スクリプトのアドレス」には、先ほどの手順でコピーしておいたアドレスを入れます。

```
<script type="text/javascript" src=" スクリプトのアドレス " charset="shift_jis"></script>
```

　例えば、スクリプトのアドレスが「http://someblog.blogxx.fc2.com/file/fjmenufolder.js」になっている場合、「</head>」の行の前に以下を追加します（画面2.36）。

```
<script type="text/javascript" src="http://someblog.blogxx.fc2.com/file/fjmenufolder.js" charset="shift_jis"></script>
```

▼ **画面2.36**　スクリプトを組み込む行を追加したところ

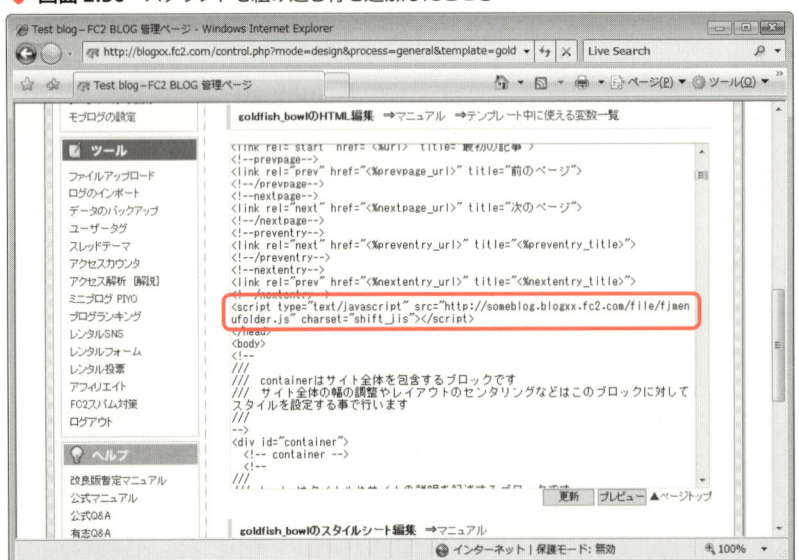

プラグイン部分の書き換え

次に、HTMLのテンプレートの中で、プラグインを表示する部分を書き換えて、折りたたみを行えるようにします。

HTMLテンプレートの中でプラグインの部分を探す

プラグインは、最大で3箇所まで組み込めるようになっています。HTMLのテンプレートの中で、「<!--plugin_first-->」と「<!--/plugin_first-->」で囲まれた部分が、1箇所目の組み込み先です。

同様に、2箇所目の組み込み先は、「<!--plugin_second-->」と「<!--/plugin_second-->」で囲まれています。また、3箇所目の組み込み先は、「<!--plugin_third-->」と「<!--/plugin_third-->」で囲まれています。

プラグイン関係のタグを書き換える

まず、HTMLのテンプレートの中で、「<% plugin_first_title>」というタグを探します。このタグは、個々のプラグインのタイトルを表すものです。このタグを**リスト2.31**のように書き換えます。

この書き換えと同様に、プラグイン関係のその他のタグを**表2.2**のように書き換えます。その際、表中の「○○」は、プラグインの箇所に応じて、「first」「second」「third」に置き換えます。

例えば、「<% plugin_first_description>」のタグは、「<div id="plg_<% plugin_first_no>_desc"><% plugin_first_description></div>」と書き換えます。

リスト2.31 「<% plugin_first_title>」タグの書き換え

```
<span id="plg_<%plugin_first_no>_title"><%plugin_first_title></span>
```

▼ 表2.2 プラグイン関連のタグの書き換え

書き換えるタグ	書き換え後
<% plugin_○○_title>	<span id="plg_<% plugin_○○_no>_title"><% plugin_○○_title></span>
<% plugin_○○_description>	<div id="plg_<% plugin_○○_no>_desc"><% plugin_○○_description></div>
<% plugin_○○_content>	<div id="plg_<% plugin_○○_no>_content"><% plugin_○○_content></div>
<% plugin_○○_description2>	<div id="plg_<% plugin_○○_no>_desc2"><% plugin_○○_description2></div>

折りたたみのスクリプトを起動する

次に、個々のプラグインの箇所で、プラグイン部分の最後の行(「<!--/plugin_first-->」等)の前に、

リスト2.32 を追加します。このタグによって折りたたみのスクリプトが起動されます。

なお、リスト中の「○○」は、プラグインの箇所に応じて、「first」「second」「third」に置き換えます。

例えば、公式テンプレートの「goldfish_bowl」で、プラグイン1の箇所でここまでの書き換えを行うと、リスト2.33 のようになります（画面2.37）。網掛けをしている箇所が、ここまでの書き換えで追加した部分です。

ここまでが終わると、とりあえずは折りたたみを行える状態になります。ただし、今の段階では、折りたたみの開閉を表すマークが「↓」と「↑」の文字になります（画面2.38）。

リスト2.32　スクリプトを起動するための記述

```
<script type="text/javascript">
<!--
FJMenuFolder.Setup(<%plugin_ ○○ _no>);
-->
</script>
```

リスト2.33　公式テンプレートの「goldfish_bowl」で、プラグイン1の箇所を書き換えた例

```
<!--plugin_first-->
<dl class="plugin">
  <dt style="text-align:<%plugin_first_talign>"><span id="plg_<%plugin_first_no>_title">
  <%plugin_first_title></span></dt>
  <dd style="text-align:<%plugin_first_ialign>"><div id="plg_<%plugin_first_no>_desc">
  <%plugin_first_description></div></dd>
  <dd style="text-align:<%plugin_first_ialign>"><div id="plg_<%plugin_first_no>_content">
  <%plugin_first_content></div></dd>
  <dd style="text-align:<%plugin_first_ialign>"><div id="plg_<%plugin_first_no>_desc2">
  <%plugin_first_description2></div></dd>
</dl>

<script type="text/javascript">
<!--
FJMenuFolder.Setup(<%plugin_first_no>);
-->
</script>
<!--/plugin_first-->
```

2-5 サイドバーの折りたたみ

▼**画面 2.37** テンプレートにリスト 2.33 を入力したところ

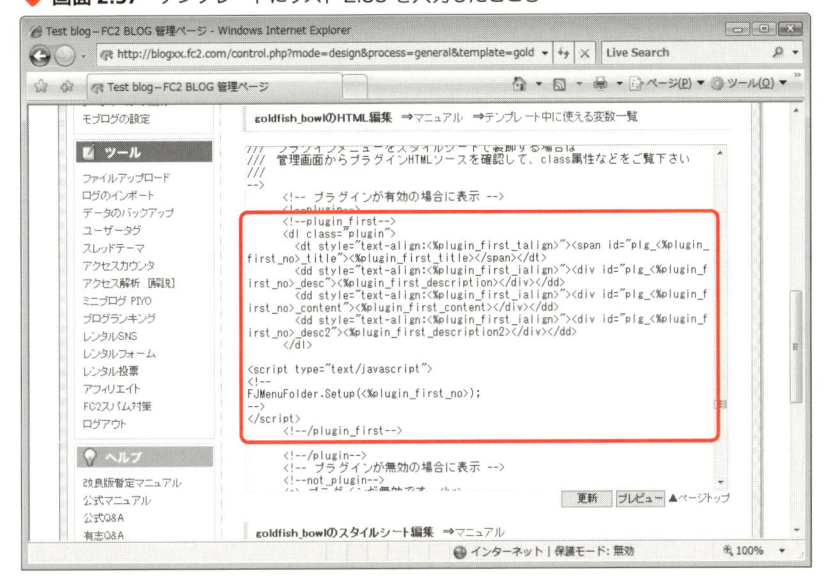

▼**画面 2.38** ここまでの作業が終わった段階

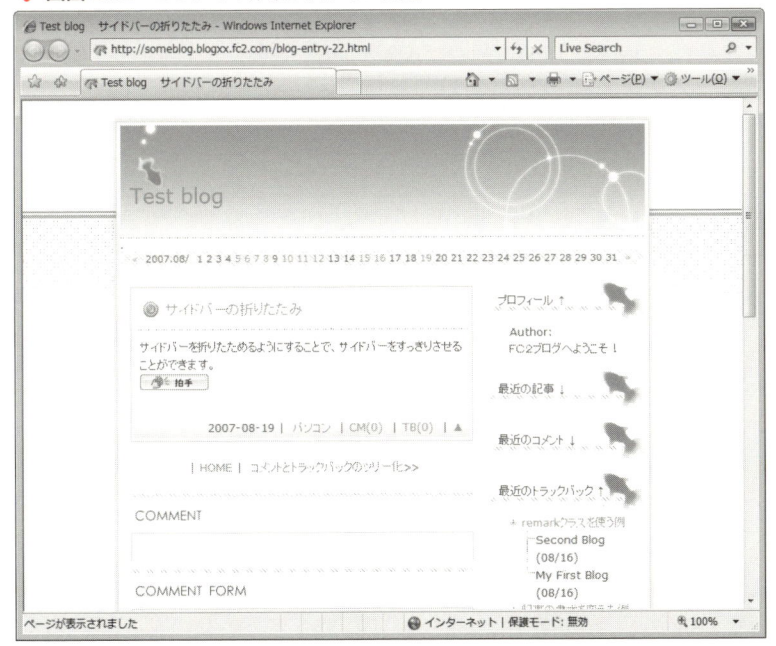

93

折りたたみのマークを画像に変える

88ページの**画面2.33**のように、折りたたみのマークを画像に変えることもできます。その手順は以下のようになります。

● 画像のファイルを入手する

まず、素材ダウンロードサイトなどから、折りたたみを表すための画像を入手します。「↓」「↑」や「＋」「－」など、開閉状態を表すような画像を探します。

なお、筆者のサイトから、88ページの**画面2.33**で使っている矢印の画像をダウンロードすることもできます。アドレスは以下の通りです。

- 上向き矢印（折りたたみ部分が開いている状態を表す）
  URL http://www.h-fj.com/pic/arrow_open.gif
- 下向き矢印（折りたたみ部分が閉じている状態を表す）
  URL http://www.h-fj.com/pic/arrow_close.gif

これらのアドレスに接続すると、画像が表示されます。画像にマウスポインタを合わせて右ボタンをクリックし、メニューの中の「名前をつけて画像を保存」を選ぶと、画像の保存先を指定する画面が表示されますので、ご自分のパソコンに画像をいったん保存します。

● 画像をアップロードする

画像のファイルを入手したら、その画像をFC2ブログにアップロードして、画像のアドレスを調べておきます。アップロードの手順は、18ページを参照してください。

● スクリプトを書き換える

次に、fjmenufolder.jsのスクリプトを書き換えて、画像を表示できるようにします。

このスクリプトの先頭の方に、**リスト2.34**の2行があります。この行の「↓」および「↑」の文字を、画像を表すimgタグに書き換えます（**リスト2.35**）。

例えば、閉じている状態を表す画像のアドレスが「http://someblog. blogxx.fc2.com/file/arrow_close.gif」で、開いている状態を表す画像のアドレスが「http://someblog.blogxx.fc2.com/file/arrow_open.gif」の場合だと、**リスト2.34**を**リスト2.36**のように書き換えます。

スクリプトの書き換えが終わったら、18ページの手順で再度アップロードします。これ以後は、サイドバーの折りたたみ状態が画像で表示されるようになります。

2-5 サイドバーの折りたたみ

📄 リスト 2.34　開閉状態のマークを指定する行

```
FJMenuFolder.closeMark = ' ↓ ';
FJMenuFolder.openMark = ' ↑ ';
```

📄 リスト 2.35　開閉状態を画像で表示できるようにする

```
FJMenuFolder.closeMark = '<img src=" 閉じている状態を表す画像のアドレス " alt="" />';
FJMenuFolder.openMark = '<img src=" 開いている状態を表す画像のアドレス " alt="" />';
```

📄 リスト 2.36　書き換えの例

```
FJMenuFolder.closeMark = '<img src="http://someblog.blogxx.fc2.com/file/arrow_close.gif" alt="" />';
FJMenuFolder.openMark = '<img src="http://someblog.blogxx.fc2.com/file/arrow_open.gif" alt="" />';
```

3

サイドバーをプラグインでカスタマイズする

FC2ブログの特徴として、サイドバーを「プラグイン」でカスタマイズすることができる点があげられます。プラグインを使うことで、サイドバーの項目を簡単に追加／削除したり、順序を入れ替えたりすることができます。

第3章では、プラグインの基本や、主なプラグインの組み込み方法などを紹介します。

3-1 → プラグインの基本操作

まずは、プラグインの追加／削除や、プラグインの順序を並べ替える方法など、プラグインを使ったカスタマイズの基本から解説します。

プラグインの概要

　一般的なブログでは、記事がページの主な部分を占めますが、その右や左のサイドバーの部分に各種の情報を表示することも多いです。例えば、サイドバーに最近のコメントやトラックバックといった情報を表示することがあります。

　ブログをカスタマイズする際には、サイドバーに手を入れることが多いです。そこでFC2ブログでは、サイドバーのカスタマイズを行いやすくするために、サイドバーの個々の部品を「プラグイン」という形で管理するようになっています。

　プラグインの追加／削除や、順番の入れ替えは、自由に行うことができるようになっています。また、FC2ブログが標準で提供しているプラグイン（公式プラグイン）の他、一般ユーザーが作ったプラグイン（共有プラグイン）を使うこともできます。さらに、自分でプラグインを作って組み込むこともできます。

　HTMLのテンプレートの中では、プラグインは「<!--plugin_first-->」などのタグで表されるようになっています。ブログにアクセスがあったときに、これらのタグがプラグインの実際のコードに置き換えられるような仕組みになっています。

　また、1つのHTMLのテンプレートには、プラグインのブロック（<!--plugin_first--> から </!--plugin_first--> など）を3つ入れることができます。個々のブロックには複数のプラグインを登録することができ、多くのプラグインを管理することができます。

プラグインの設定を始める

　プラグインの設定を行うには、管理者ページにログインして、ページ左端のメニューで「環境設定」の中の「プラグインの設定」をクリックし、「プラグインの設定」のページを開きます。このページには、プラグイン管理関係のリンクや、現在組み込まれているプラグインの一覧などが表示されます（画面3.1）。

　なお、前述したように、プラグインのブロック（プラグインカテゴリー）は、HTMLテンプレート

1つにつき3個まで組み込むことができます。そのため、プラグインの一覧もプラグインカテゴリー 1 ～プラグインカテゴリー 3 に分けて表示されます。

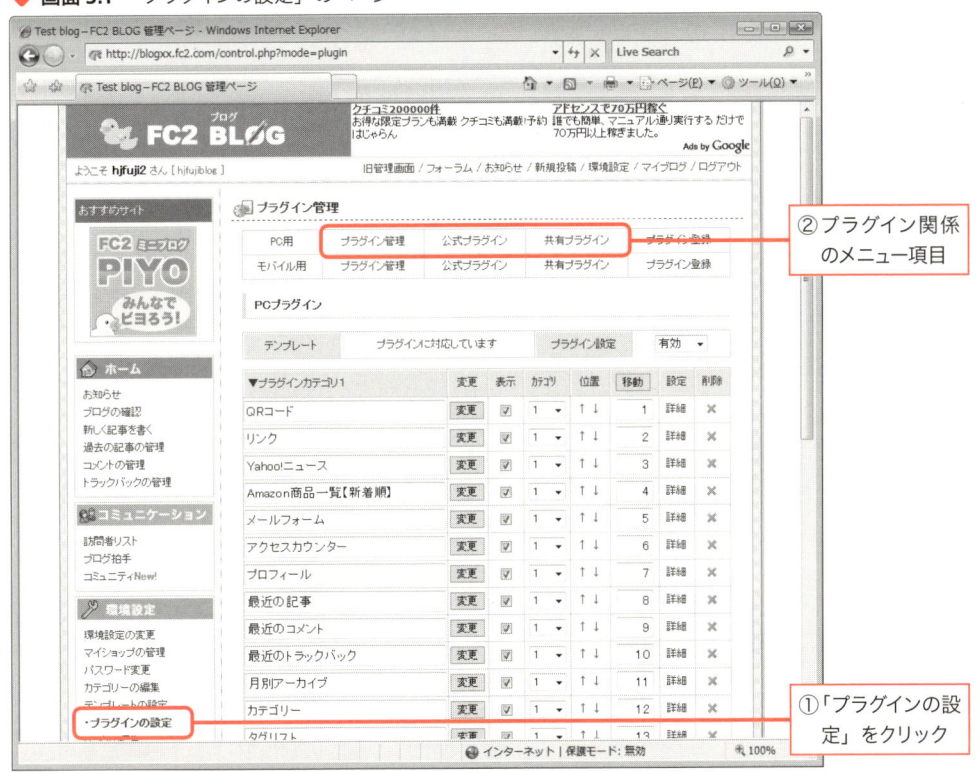

▼ **画面 3.1** 「プラグインの設定」のページ

[画面: FC2 BLOG 管理ページ「プラグインの設定」画面。①「プラグインの設定」をクリック、②プラグイン関係のメニュー項目]

プラグインを追加する

　プラグインを追加するには、**画面 3.1** で「PC 用」のところにある「公式プラグイン」または「共有プラグイン」のプラグインをクリックします。

● 公式プラグインの追加

　「公式プラグイン」をクリックすると、公式プラグインを追加することができます。
　プラグインの一覧が、「基本プラグイン」「FC2 プラグイン」などに分類されて表示されます。これらの中から、追加したいプラグインの行で「追加」のボタンをクリックすると、そのプラグインを追加することができます（**画面 3.2**）。

第3章 サイドバーをプラグインでカスタマイズする

　なお、プラグインはカテゴリーの一番最後に追加されます。プラグインの順序を並べ替える方法は、103ページで解説します。

▼ **画面 3.2**　公式プラグインの追加

3-1 プラグインの基本操作

● 共有プラグインの追加

画面3.1 で「PC用」のところにある「共有プラグイン」をクリックすると、共有プラグインを追加することができます。

初期状態では、新着のプラグインが一覧表示されます。ここで、「作者」「プラグイン名」「条件検索」などの欄を使って検索対象を指定し、「検索」ボタンをクリックすれば、プラグインを検索することができます。また、「名前インデックス」や「作者インデックス」のところで、プラグインの名前や作者名の先頭文字からプラグインを探すこともできます。

プラグインを検索すると、その検索条件に合うプラグインが一覧表示されます（**画面3.4**）。それぞれのプラグインの箇所で、「プレビュー」のリンクをクリックすると、そのプラグインを自分のブログのサイドバーに入れた例が表示されます（**画面3.5**）。それを見て良さそうであれば、「詳細」のリンクをクリックします。

すると、プラグインの詳細が表示されます。「プラグインタイトル」の欄で、サイドバーにプラグインを表示する際のタイトルを指定します。また、「プラグインカテゴリ」の欄で、追加先のカテゴリーを選びます。これで「ダウンロード」のボタンをクリックすると、プラグインを追加することができます（**画面3.6**）。

▼ **画面 3.3** 共有プラグインを検索する

第 3 章　サイドバーをプラグインでカスタマイズする

▼ **画面 3.4　共有プラグインの検索結果**

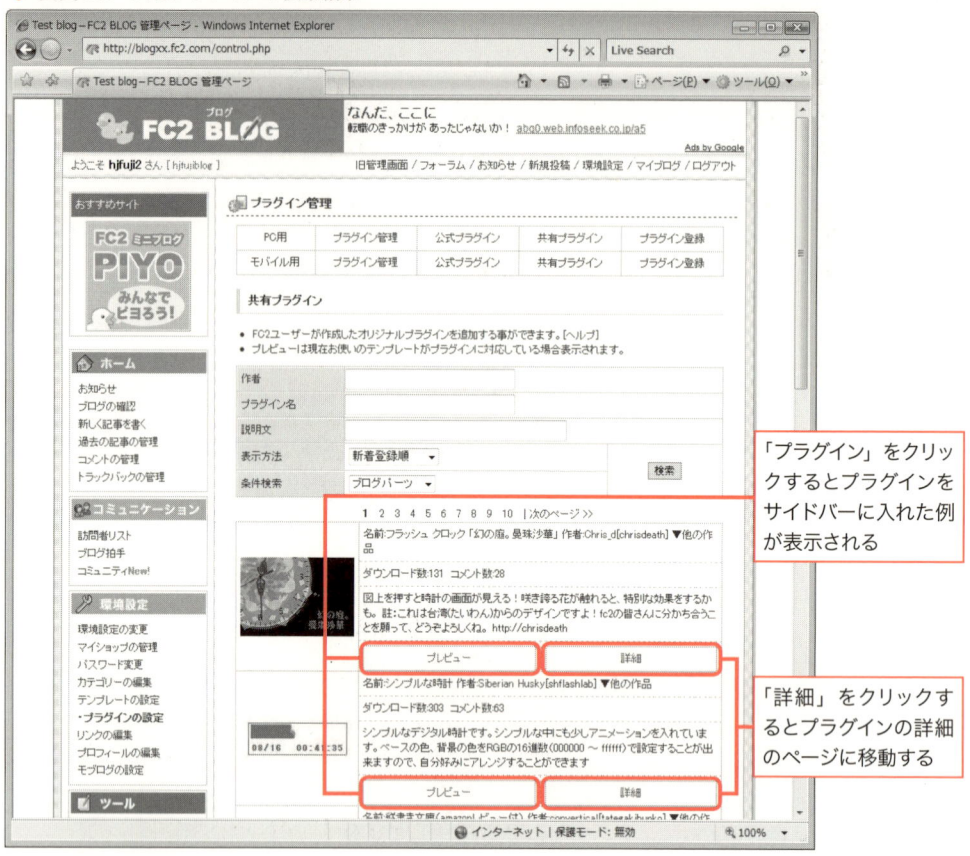

「プラグイン」をクリックするとプラグインをサイドバーに入れた例が表示される

「詳細」をクリックするとプラグインの詳細のページに移動する

▼ **画面 3.5　プラグインのプレビュー**

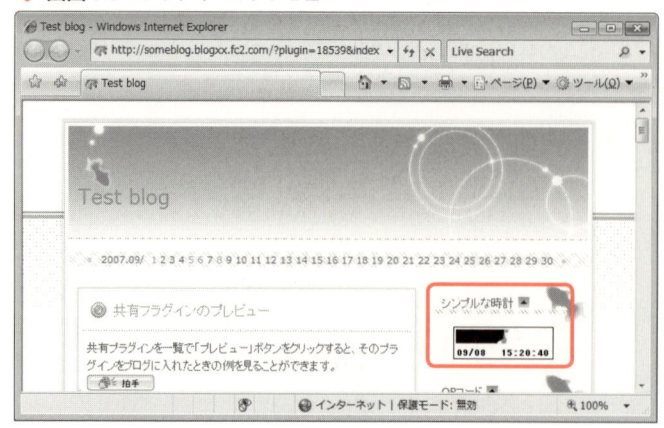

3-1 プラグインの基本操作

▼ **画面 3.6** 詳細ページでプラグインを追加する

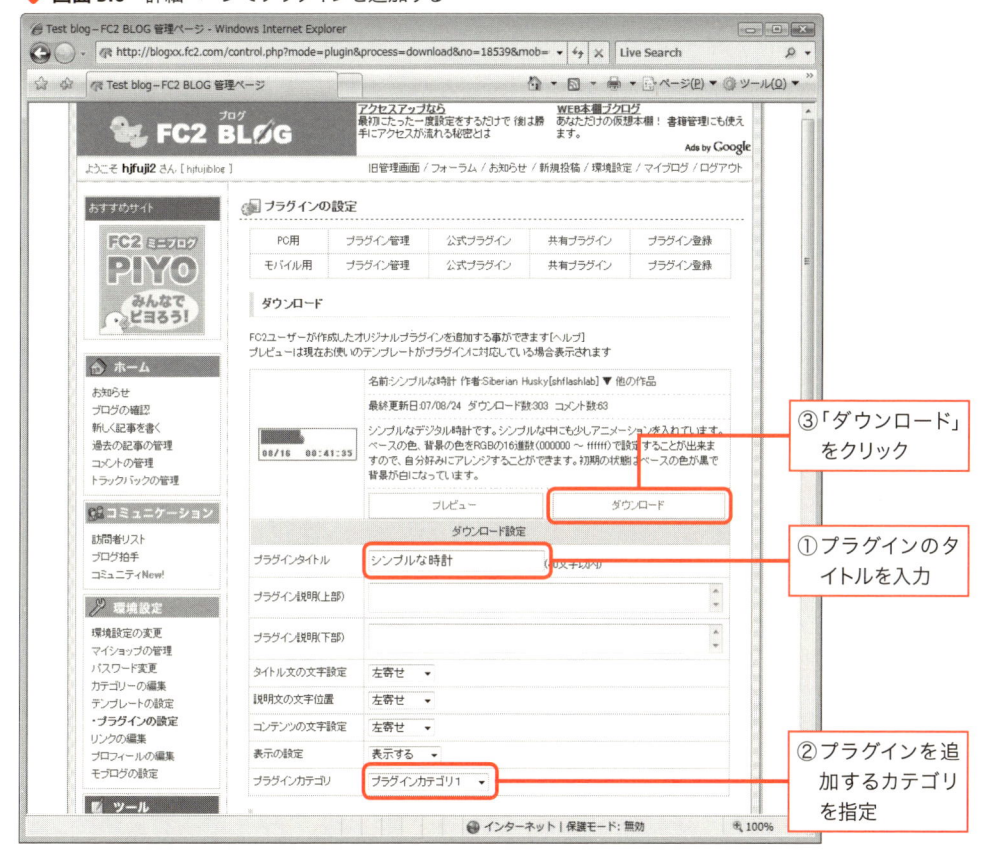

（画面キャプチャ：FC2 BLOG管理ページ「ダウンロード」画面）

- ③「ダウンロード」をクリック
- ①プラグインのタイトルを入力
- ②プラグインを追加するカテゴリを指定

プラグインの順序を入れ替える

　「プラグインの設定」のページで「位置」の列をみると、「↑」と「↓」のリンクが表示されています。これらのリンクをクリックすることで、同じプラグインカテゴリーの中でのプラグインの表示順序を入れ替えることができます。

　「↑」をクリックすると、そのプラグインとその1つ上のプラグインが入れ替わります。同様に、「↓」をクリックすると、そのプラグインとその1つ下のプラグインが入れ替わります。

　また、「移動」の列にはプラグインの表示順序が表示されています。この欄に移動先の番号を入力して、「移動」のボタンをクリックすれば、プラグインを直接にその位置に移動することができます。

　例えば、**画面 3.7** を見ると、「プラグインカテゴリ1」の2番目に「最新の記事」のプラグインがあります。この行の「↑」をクリックすると、1つ上の「プロフィール」のプラグインと順序が入れ替わります。

103

第 3 章　サイドバーをプラグインでカスタマイズする

　また、5 番目に「月別アーカイブ」がありますが、その行の「移動」列の欄に「2」と入力して「移動」をクリックすると、月別アーカイブのプラグインを 2 番目に移動することができます。
　ただし、プラグインカテゴリーをまたがって、プラグインの順序を入れ替えることはできません。プラグインのカテゴリーを変える方法は、後の 106 ページで解説します。

▼ **画面 3.7**　プラグインの順序を入れ替える

プラグインの設定を変える

　プラグインのタイトルや、プラグインの表示位置を設定することもできます。
　99 ページの**画面 3.1** で、設定を変えたいプラグインの行で、「詳細」のリンクをクリックします。すると、そのプラグインの設定を行うページが表示されます（**画面 3.8**）。以下の各欄の設定を変えて、「変更」ボタンをクリックすると、その設定が保存されます。

▼ **画面 3.8** プラグインの設定を変える

● タイトルを変える

「タイトル」の欄では、プラグインのタイトルを変えることができます。通常は、タイトルはサイドバー上で各プラグインの上に表示されます。

● 説明文を入れる

「プラグイン説明上部(または下部)」の欄に説明文を入力すると、プラグインの上(下)にその説明文が表示されるようになります。なお、説明文の中に HTML を入れることもできます。

● 文字位置を変える

「タイトル文の文字位置」「コンテンツの文字位置」「説明文の文字位置」の各欄では、プラグインのタイトル／内容／説明文を、サイドバー内で左寄せ／中央揃え／右寄せにすることができます。

● 一時的に非表示にする

「表示の設定」の欄で「表示しない」を選ぶと、そのプラグインを表示しないようにすることができます。プラグインを削除せずに、一時的に非表示にしたい場合にこの機能を使います。

第3章　サイドバーをプラグインでカスタマイズする

● カテゴリーを変える

「プラグインカテゴリ」の箇所では、プラグインの表示先のカテゴリーを変えることができます。

なお、カテゴリーを変えると、そのプラグインは移動先カテゴリーの最後に表示されます。プラグインの順序を変えるには、103ページで解説した手順で操作します。

3-2 リンク集を表示する

自分の友達のサイトや、よく見るサイトなどのリンクを、サイドバーに一覧表示したいという方もいらっしゃると思います。「リンク」のプラグインを使うと、そのようなことを行うことができます。

リンクのプラグインの設定

通常の設定では、リンクのプラグインはカテゴリ 2 にあらかじめ組み込まれた状態になっています（画面 3.9）。必要に応じて、カテゴリ内での順番を入れ替えたり、他のカテゴリに移動したりします。

また、リンクのプラグインが追加されていない場合は、以下の手順で追加することができます。

①管理者ページにログインし、公式プラグインを追加するページを開きます（99 ページ参照）。
②基本プラグインの一覧の中で、「リンク」の行にある「追加」をクリックします。

▼ 画面 3.9　カテゴリ 2 にリンクのプラグインが追加されている

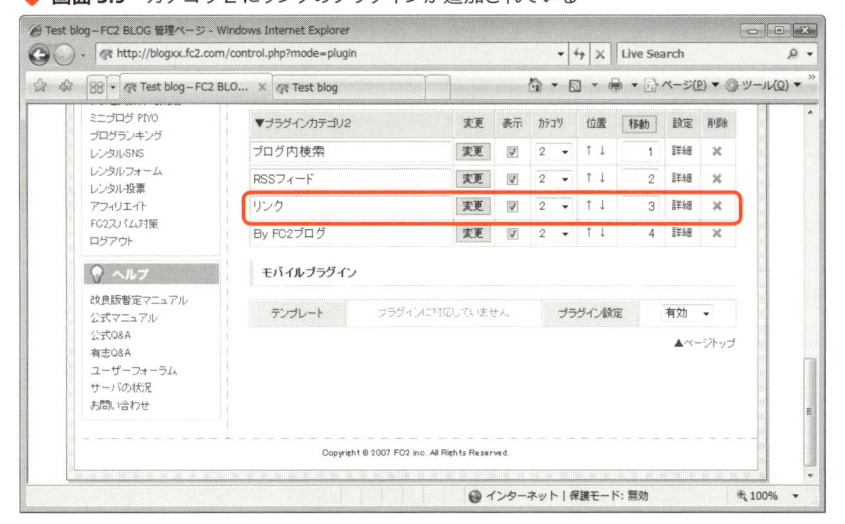

第3章　サイドバーをプラグインでカスタマイズする

🦆 リンクの追加

　次に、リンク先のサイト名とアドレスの情報を追加します。

　管理者ページにログインし、ページ左端のメニューで「リンクの編集」をクリックして、リンク管理のページを開きます。

　そして、「リンク追加」の部分で、「サイト名」の欄にリンク先の名前を入力し、「URL」の欄にリンク先のアドレスを入力して、「追加」ボタンをクリックします（**画面 3.10**）。この手順を繰り返して、リンク先を順次追加していきます。

　リンクを追加し終わったら、ブログを表示して、サイドバーにリンクが表示されていることを確認します（**画面 3.11**）。また、個々のリンクをクリックしてみて、リンク先が正しく表示されることも確認します。

▼ **画面 3.10**　リンクの追加

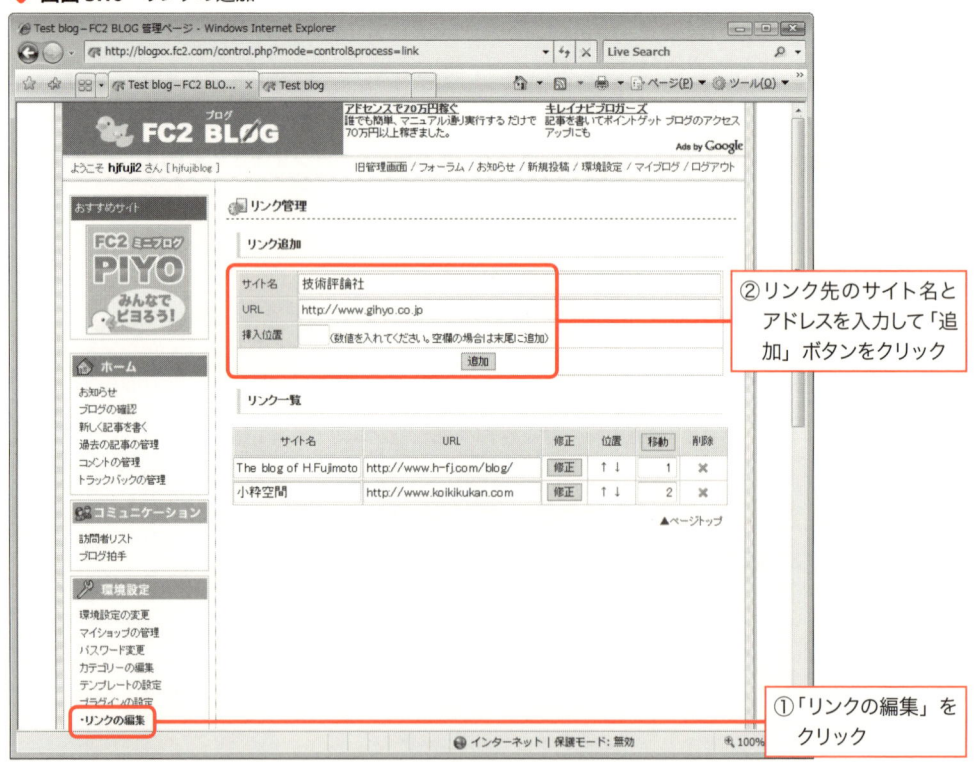

▼ **画面 3.11**　サイドバーにリンクの一覧が表示される

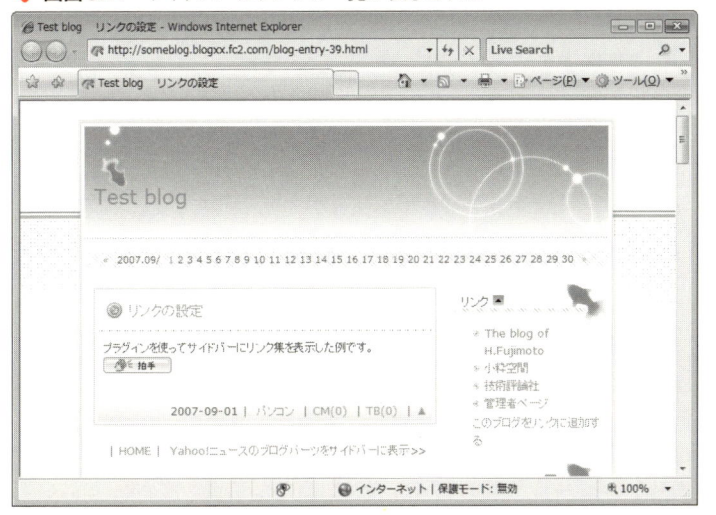

🦆 リンクの編集

　追加したリンク先は、「リンク一覧」の箇所に一覧表示されます（**画面 3.10**）。この部分で、リンク先を編集することができます。

　サイト名やアドレスを変える場合は、それぞれの欄にサイト名等を入力しなおして、その右にある「修正」のボタンをクリックします。

　サイトの順番を入れ替えることもできます。各サイトの「位置」の列にある「↓」「↑」の矢印をクリックすると、上下のサイトと位置を入れ替えることができます。また、「移動」の欄に移動先の番号を入力して、「移動」のボタンをクリックすれば、その位置へ直接に移動することもできます。

　また、「削除」の列の「×」のマークをクリックすると、そのサイトを削除することができます。

第3章　サイドバーをプラグインでカスタマイズする

3-3 → メールフォームをつける

　ブログの各記事にはコメント欄がありますが、中にはコメントではなくメールでメッセージを伝えたい方もいます。そういった方のために、サイドバーにメール送信用のフォームをつけておくと良いでしょう。

メールフォームプラグインの設置

　メールフォームの設置は非常に簡単です。
　まず、管理者ページにログインし、公式プラグインを追加する状態にします（99ページ参照）。そして、ページ先頭の方の「PC用プラグイン」のところで挿入先のカテゴリーを選んだあと、「拡張プラグイン」の中の「メールフォーム」の行で、「追加」のリンクをクリックします（**画面3.12**）。
　これで、メールフォームのプラグインが追加されます。必要に応じて、プラグイン管理のページでプラグインの表示順序を設定しなおします。

▼ **画面3.12**　メールフォームプラグインを追加する

①プラグインの追加先のカテゴリーを選ぶ

②「追加」ボタンをクリックする

メールフォームの利用

プラグインの設置が終わったら、サイドバーにメールフォームが表示されるようになります（**画面3.13**）。ブログの読者の中で、メールで連絡をしたい方は、このメールフォームに送信者名やメールアドレス等を入力して送信する、という形になります。

なお、メールフォームから送信されたメールは、FC2 IDを登録したときのメールアドレスに送信されます。

▼ **画面 3.13** メールフォームの表示例

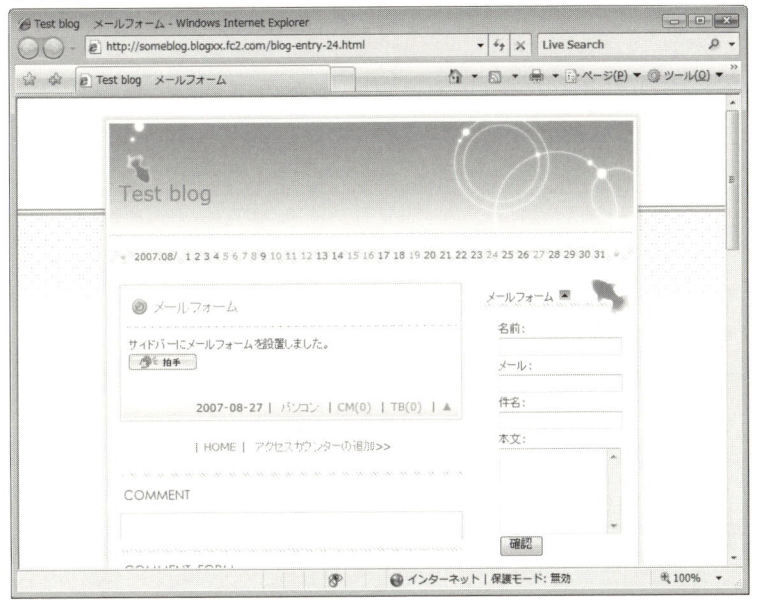

第3章 サイドバーをプラグインでカスタマイズする

3-4 → フリーエリアを使う

サイドバーにはさまざまなものを表示することができますが、「自分の好きな写真を常に表示しておきたい」など、プラグインにはないものを表示したい場合もあります。そのような時には、「フリーエリア」というプラグインを使います。

フリーエリアプラグインを追加する

フリーエリアプラグインは、サイドバーに任意の HTML を表示することができるプラグインです。冒頭にあげた「自分の好きな画像の表示」などに使うことができます。また、後の節で各種の「ブログパーツ」を紹介しますが、ブログパーツの貼り付けの際にもフリーエリアを多用します。

フリーエリアプラグインを追加するには、まず、プラグインの設定のページを開きます (98 ページ参照)。そして、ページ先頭の「プラグイン管理」の箇所で「PC 用」の「公式プラグイン」をクリックして、公式プラグインの一覧を表示します。

すると、「拡張プラグイン」の中に「フリーエリア」があります。ページ先頭の「PC 用プラグイン」のところで追加先のカテゴリーを選んでから、フリーエリアプラグインの行の「追加」のボタンをクリックして、フリーエリアを追加します (画面 3.14)。

▼ 画面 3.14 フリーエリアプラグインを追加する

①プラグインの追加先カテゴリーを選ぶ

②「追加」のリンクをクリックする

フリーエリアの内容を設定する

　フリーエリアを追加したら、次にその中に表示する内容を設定します。

　プラグインの管理のページに戻ると、追加先のカテゴリーの最後にフリーエリアプラグインが追加されています（**画面3.15**）。その行の「詳細」のリンクをクリックします。これで、プラグインの設定を変える状態になります。

　まず、「タイトル」の欄を書き換えます。標準では「フリーエリア」になっていますが、表示する内容に合わせて適切なタイトルをつけます。また、「プラグインカテゴリ」の欄で、プラグインの追加先のカテゴリーを選びます。

　そして、「フリーエリア内容の変更」の欄に、フリーエリアに表示する内容（HTML）を入力します。例えば、お気に入りの画像を表示するのであれば、その画像をあらかじめアップロードしておき（18ページ参照）、その画像を表示するための img タグを入力します（**画面3.16**）。

　入力が終わったら、「変更」ボタンをクリックして、入力した内容を保存します。また、必要に応じて、プラグインの管理のページでプラグインの表示順序を並べ替えます。

　例えば、フリーエリアプラグインを使って、サイドバーの先頭に写真を表示してみると、**画面3.17**のようになります。

　なお、サイドバーは幅が 150～200 ピクセル程度です（テンプレートによって幅は異なります）。プラグインの内容がサイドバーからはみ出すと、テンプレートによってはページのレイアウトが崩れることがあります。

▼**画面3.15**　フリーエリアプラグインの行で「詳細」のリンクをクリックする

第3章 サイドバーをプラグインでカスタマイズする

▼ **画面 3.16** フリーエリアプラグインの設定

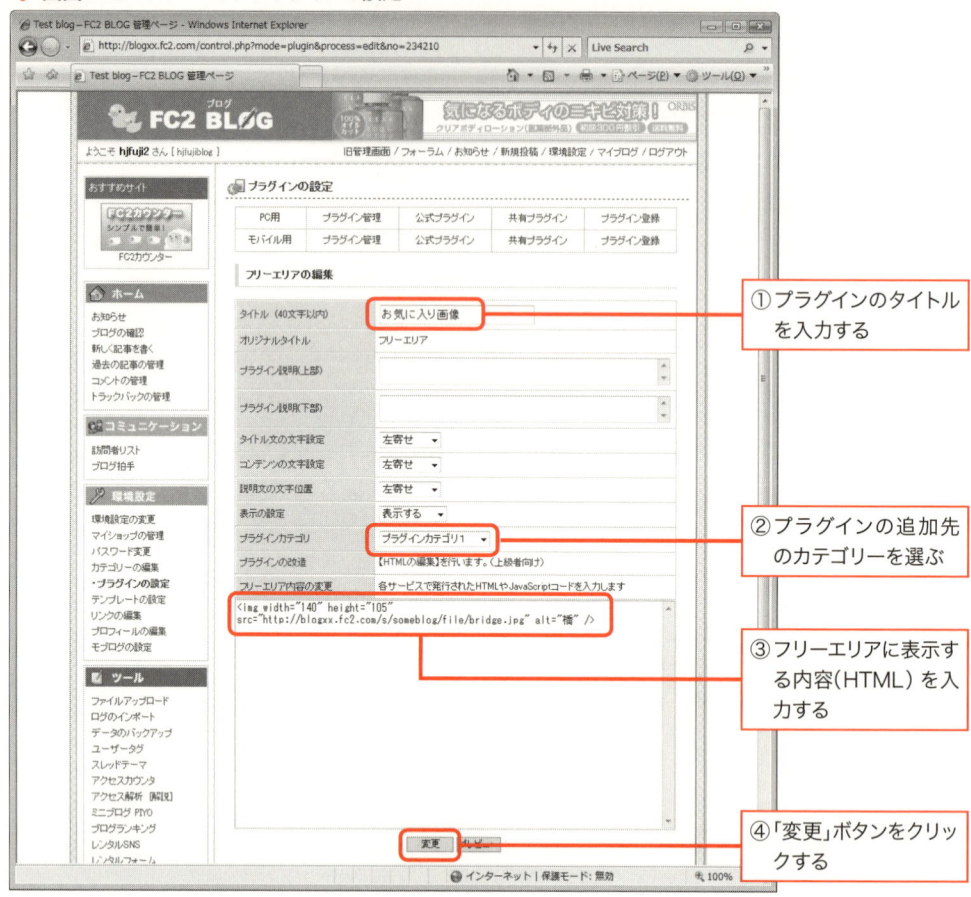

① プラグインのタイトルを入力する

② プラグインの追加先のカテゴリーを選ぶ

③ フリーエリアに表示する内容（HTML）を入力する

④「変更」ボタンをクリックする

▼ **画面 3.17** フリーエリアプラグインで画像を表示した例

3-5 アクセスカウンターを表示する

ご自分のブログがどのぐらいアクセスされているかは、誰しも気になるのではないでしょうか。この節では、フリーエリアプラグインを利用して、アクセスカウンターを追加する手順を紹介します。

FC2カウンターの概要

　FC2ではブログ以外にもさまざまなサービスを提供していて、「FC2カウンター」というアクセスカウンターのサービスもあります。

　FC2カウンターでは、「アクセスカウンター」と「オンラインカウンター」の2種類のカウンターが提供されています。

　アクセスカウンターは、これまでの訪問者を累計して表示する働きをするものです。一方のオンラインカウンターは、現時点でサイトに訪問している人数を表示します。FC2ブログには、両方のカウンターを表示することができます。

　FC2ブログには、FC2カウンター用のプラグインがあります。そのプラグインを使うことで、アクセスカウンターを比較的簡単に設置することができます。

FC2カウンターに登録する

　アクセスカウンターを表示するには、まずFC2カウンターに登録します。

　FC2のトップページ（http://fc2.com）からFC2 IDでログインして、ページ左端の「メニュー」の部分で、「サービス追加」をクリックします（**画面3.18**）。

　すると、FC2のさまざまなサービスが一覧表示されますので、ページを下の方にスクロールし、「FC2カウンター」のところで「このサービスを追加」のボタンをクリックします（**画面3.19**）。

　次に、FC2カウンターの利用規約が表示されますので、「利用規約に同意する」のボタンをクリックします。さらに、次のページで「FC2カウンターを登録しますか？」とメッセージが表示されますので、「登録する」のボタンをクリックします。

第 3 章　サイドバーをプラグインでカスタマイズする

▼**画面 3.18**　FC2 ID にログインして、メニューで「サービス追加」をクリックする

▼**画面 3.19**　FC2 カウンターのサービスを追加する

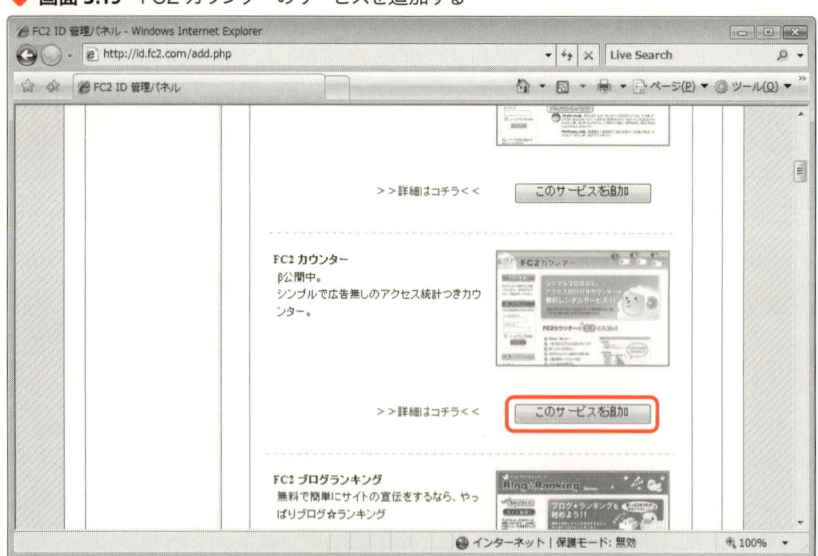

3-5 アクセスカウンターを表示する

FC2 カウンターのプラグインを追加する

　FC2 カウンターに登録したら、FC2 ブログの管理者ページに戻って、FC2 カウンターのプラグインを追加します。

　公式プラグインを追加する状態にし（99 ページ参照）、プラグイン一覧の「FC2 プラグイン」の部分で、「FC2 ブックマーク」の行にある「追加」のリンクをクリックします（**画面 3.20**）。

　これで、FC2 カウンターのプラグインが追加され、その設定を行うページが表示されますので、「アクセスカウンタの設定」の箇所で、表示するアクセスカウンターの種類を選びます（**画面 3.21**）。

　また、必要に応じてプラグインのカテゴリーを変えたり、プラグインの並び順を変えたりしても構いません。

▼ **画面 3.20**　FC2 カウンターのプラグインを追加する

117

第3章 サイドバーをプラグインでカスタマイズする

▼ 画面 3.21 表示するカウンターの種類を選ぶ

● 通常のアクセスカウンターとオンラインカウンターの両方を表示する

　中には、「通常のアクセスカウンターとオンラインカウンターの両方を表示したい」という方もいることでしょう。

　その場合は、ここまでの手順を繰り返して、アクセスカウンターのプラグインをもう一度追加します。そして、2つのプラグインの片方を通常のアクセスカウンター用にし、もう片方をオンラインカウンター用にします。

3-5 アクセスカウンターを表示する

カウンターの設定

FC2 カウンターでは、数字の画像を変えるなど、いくつかの設定を行うこともできます。

● 設定ページにログインする

まず、FC2 カウンターの設定ページにログインします。FC2 カウンターのトップページ（http://counter.fc2.com）に接続し、ページ左上の方にある「FC2ID ログイン」の箇所に FC2 ID とパスワードを入力して、「ログイン」ボタンをクリックします（**画面 3.22**）。

▼ **画面 3.22** FC2 カウンターにログインする

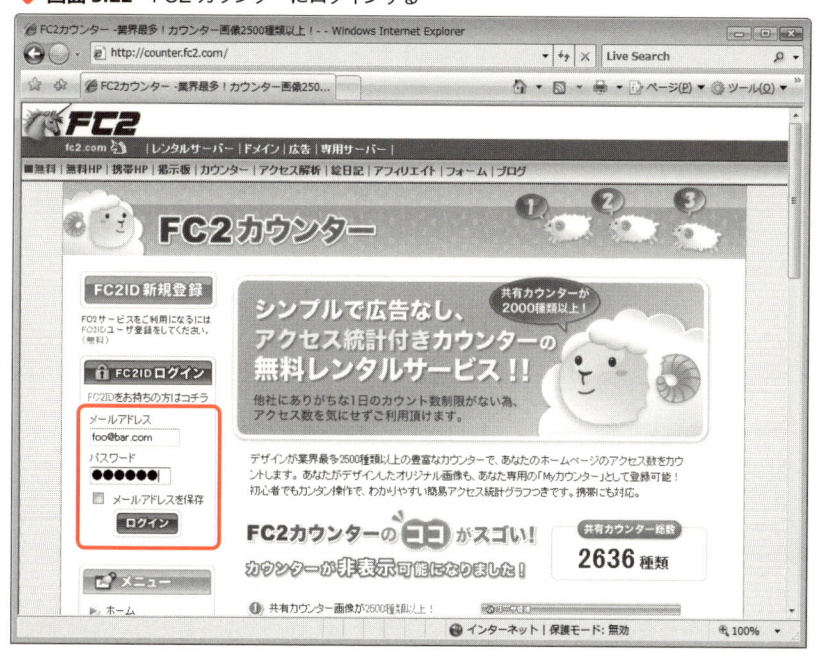

● 各種の設定を行う

ログインすると、**画面 3.23** のような表示になります。ページ左端にメニューがありますが、その中の「設定」をクリックします。すると、**画面 3.24** が表示され、FC2 カウンターの基本的な設定を行うことができます。

なお、設定がカウンターに反映されるには、5 分ほどかかります。

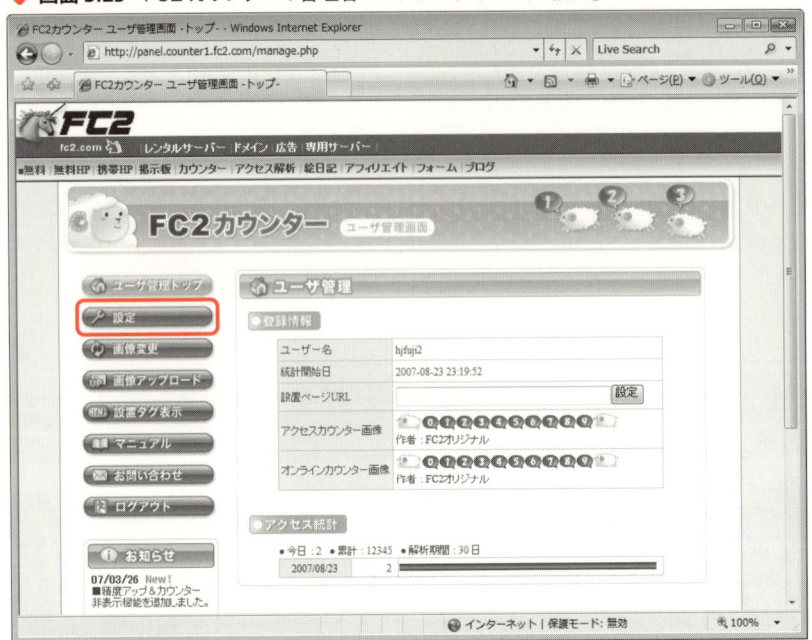

第 3 章　サイドバーをプラグインでカスタマイズする

▼ **画面 3.23**　FC2 カウンターの管理者ページにログインし、「設定」をクリックする

①「通常カウンターの桁数」「オンラインカウンターの桁数」

　カウンターの桁数を設定します。初期値は 5 桁になっていますので、必要に応じて桁数を増やすとよいでしょう。

　ただし、桁数を多くすると、カウンターの表示に幅を取るようになります。テンプレートによっては、カウンターの幅が広いとページのレイアウトが崩れることがあります。その場合は、カウンターの桁数を減らすか、後述の手順でカウンターの画像を細いものに変えます。

②「カウンタ値」

　通常はアクセスカウンターは 0 から数え始められますが、他のアクセスカウンターから乗り換えた場合など、カウンターを 0 以外から数えるようにしたい場合もあります。その時は、この欄にカウンターの値を入力します。

③「二重カウントルール」

　「二重カウントしない」をオンにした場合、同じパソコンから一日の間に複数回アクセスがあっても、1 回だけカウントするようになります。ページが表示された回数ではなく、訪問者数をカウントするような形になります。

　一方、「二重カウントする」をオンにすると、同じパソコンから一日の間に複数回アクセスがあれば、それもすべてカウントに含まれるようになります。

3-5 アクセスカウンターを表示する

④「週間カウント表示」

「表示する」をオンにした場合、ブログでアクセスカウンターにマウスポインタを合わせると、最近一週間のアクセス数がグラフ表示されるようになります（画面3.25）。

▼ **画面3.24** FC2カウンターの設定

第 3 章　サイドバーをプラグインでカスタマイズする

▼ **画面 3.25**　週間カウントの表示例

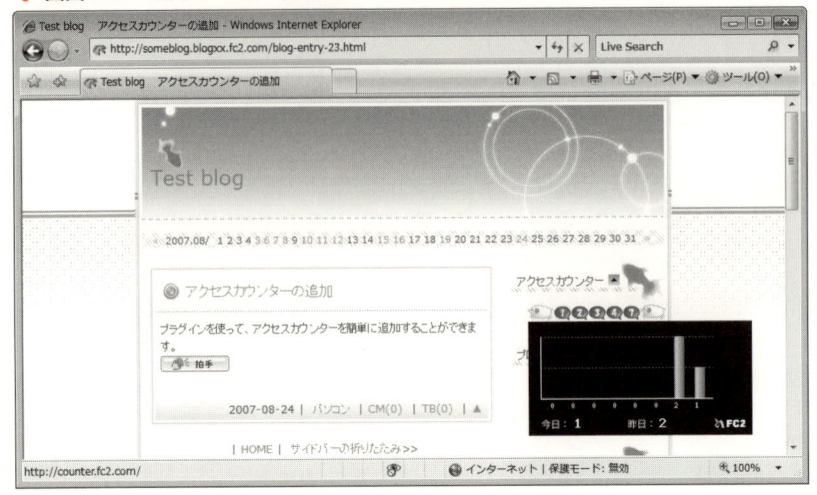

● カウンターの画像を変える

　FC2 カウンターでは、カウンター用の画像を 2,500 種類以上もの中から選ぶことができます。

　121 ページの**画面 3.24** で「画像変更」のボタンをクリックすると、画像を選ぶページが表示されます（**画面 3.26**）。

　使いたい画像の先頭にある「○」をオンにし、ページ末尾にある「アクセスカウンター画像に設定」「オンラインカウンター画像に設定」のボタンをクリックすると、通常／オンラインの各アクセスカウンターの画像を変えることができます（**画面 3.27**）。

　また、画像一覧の先頭と最後に「1」と表示された欄があります。その欄の右端の「▼」をクリックして、画像一覧のページを選ぶことができます。

3-5 アクセスカウンターを表示する

▼**画面 3.26** カウンターの画像を選ぶ

▼**画面 3.27** カウンターの画像を変えた例

第 3 章　サイドバーをプラグインでカスタマイズする

3-6　時計を表示する

　時計のブログパーツはよく見かけます。時計のブログパーツはいろいろなところで配布されていて、種類も非常に豊富ですが、ここでは「NHK 時計」を紹介します。

NHK 時計のコードを入手する

　NHK 時計のブログパーツは、かつて NHK で時報の際に放送されていた時計を、ブログパーツとして復活させたものです。NHK の「NHK オンラインラボブログ」で公式に配布してされています。木目版と青色版の 2 種類があり、ブログのデザインに合うものを使うことができます。
　これらのブログパーツは、それぞれ以下のアドレスで入手することができます。

・木目版
　URL https://www.nhk.or.jp/lab-blog/blogtools/form/form_fclockwood.html
・青色版
　URL https://www.nhk.or.jp/lab-blog/blogtools/form/form_fclock.html

　上記のアドレスに接続すると、利用申し込みのフォームが表示されます。サイト名（FC2 ブログの名前）等を入力し、「『ご利用にあたって』に同意」で「同意する」をオンにして、「送信」ボタンをクリックします（画面 3.28）。
　これで、NHK 時計のコードが表示されます（画面 3.29）。「幅 150 ピクセル」と「幅 210 ピクセル」を選ぶことができますので、ブログのサイドバーの幅に合うものを選んだ後、表示されているコードをコピーして、メモ帳等に貼り付けます。

3-6 時計を表示する

▼ **画面3.28** 利用申し込みフォームでサイト名等を入力する

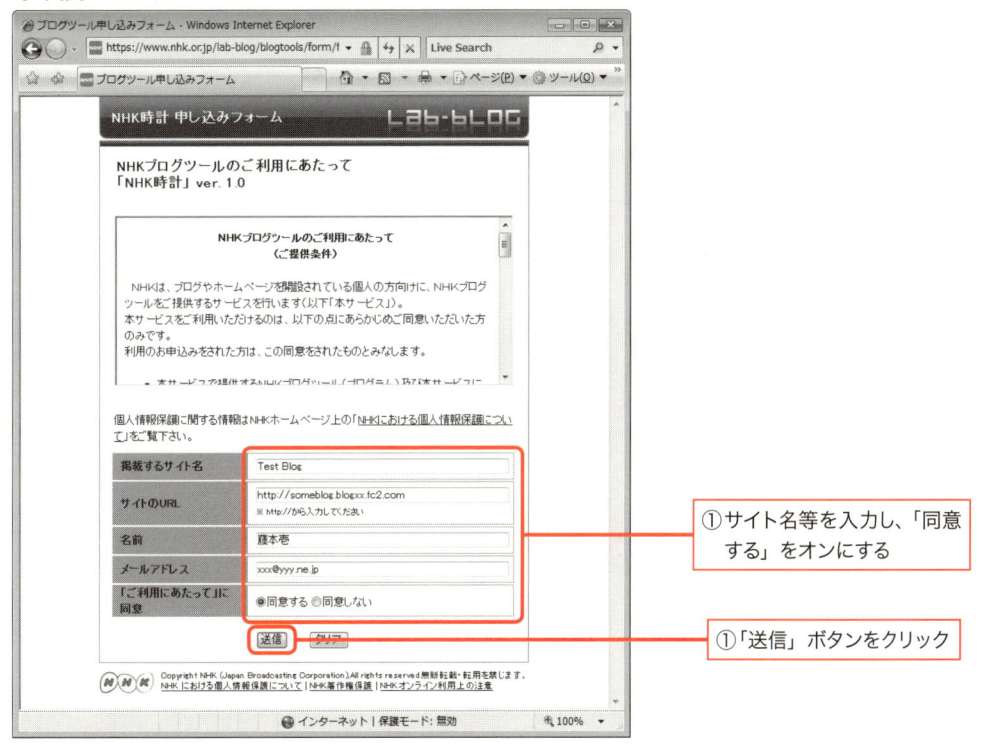

①サイト名等を入力し、「同意する」をオンにする

①「送信」ボタンをクリック

▼ **画面3.29** 幅を選んでからコードをコピーする

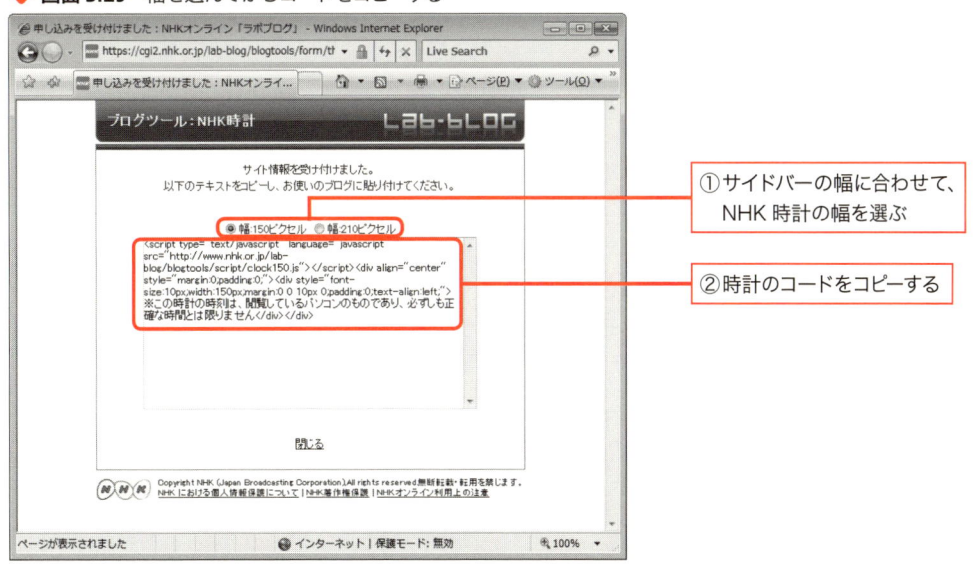

①サイドバーの幅に合わせて、NHK時計の幅を選ぶ

②時計のコードをコピーする

サイドバーに時計を表示する

次に、FC2 ブログの管理者ページにログインし、フリーエリアプラグインを追加して（112 ページ参照）、そこに時計のコードを貼り付けます。

プラグインのタイトルの欄には、「NHK 時計」とでも入力すると良いでしょう。また、「プラグインカテゴリ」の欄で、追加先のカテゴリーを選びます。そして、「フリーエリア内容の変更」の欄に、コピーしておいた NHK 時計のコードを貼り付けます。これらの設定が終わったら、「変更」ボタンをクリックします（画面 3.30）。

画面 3.31 は、NHK 時計をサイドバーの先頭に表示した例です。

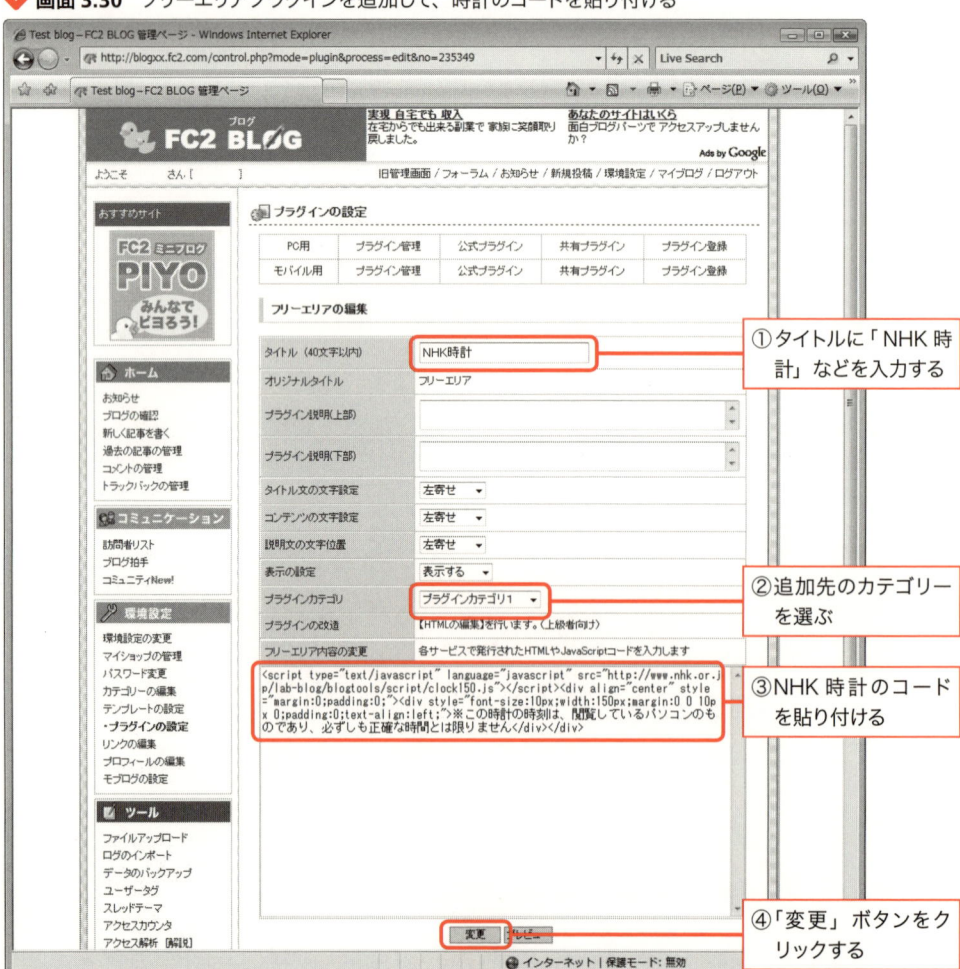

▼ 画面 3.30　フリーエリアプラグインを追加して、時計のコードを貼り付ける

3-6 時計を表示する

▼ **画面 3.31** サイドバーに NHK 時計を表示した例

3-7 → メロメロパークを表示する

　バーチャルペット系のブログパーツもいろいろありますが、「メロメロパーク」も人気が高いものの1つです。この節では、メロメロパークをサイドバーに表示する手順を解説します。

メロメロパークに登録する

　メロメロパークは、(株)マイクロアドが運営するサービスで、「メロッチョ」などのペットの里親になる、という設定でペットを飼うことができます（画面3.32）。ブログに記事を書くとペットが成長し、姿形が段階的に変わっていきます。ブログから言葉を覚えて、言葉を発したりもします。

　また、成長が進むと世代交代して、新しいペットを飼い直すこともできます。最初に登録する段階ではペットを3種類の中から選ぶことができますが、世代交代を繰り返すと、最終的には8種類のペットから選ぶことができるようになります（本書執筆時点）。

　さらに、メンバー同士でお友達になったり、メールをやり取りしたりなど、コミュニティ的な要素もあります。

▼画面3.32　メロメロパークの表示例

3-7 メロメロパークを表示する

● 登録を始める

　メロメロパークに登録するには、まずメロメロパークのトップページ（http://meropar.jp）に接続し、「新規登録」の絵をクリックします（画面 3.33）。

　最初の段階では、利用規約を読んだ後、「利用規約に同意する」のチェックをオンにし、自分のメールアドレスを入力して、「送信する」のボタンをクリックします（画面 3.34）。

▼ **画面 3.33** 「新規登録」をクリックする

▼ **画面 3.34** 「利用規約に同意する」のチェックをオンにし、自分のメールアドレスを入力して、「送信する」のボタンをクリックする

第3章　サイドバーをプラグインでカスタマイズする

● メロと街を選ぶ

　前のステップで仮登録を行うと、本登録方法を書いたメールが送られてきますので、そのメールに書かれているアドレスに接続します。

　すると、メロを選ぶステップになります。前述したように、メロを飼い始める段階では、3種類のメロの中から1つを選ぶことができます（**画面3.35**）。また、次のステップでは、メロが住む町を選びます。本書執筆時点では、町が何かに影響することは特にないようです。

▼ **画面3.35**　メロの種類を選ぶ

● 各種の情報を入力する

　次のステップでは、メロにつける名前や、里親（自分）の名前、またIDやパスワードをなどを決めて入力します。

　また、「ブログURL」の欄には、ご自分のFC2ブログのトップページのアドレスを入力します（http://○○○.blog□□□.fc2.com/）。そして、その下の「ブログRSS」の欄では「自動取得」の文字をクリックします。

　自動取得が正しくできると、ブログRSSの欄には、自分のブログのアドレスの後に「?xml」をつけたものが入力されます。自動取得に失敗した場合は、そのアドレスを手で入力します。

　入力が終わったら（**画面3.36**）、「OK」ボタンをクリックします。すると、入力内容を確認するページが表示されますので、内容が正しければ「OK」ボタンをクリックします。これで登録が完了し

ます。

▼ **画面 3.36**　各種の情報を入力する

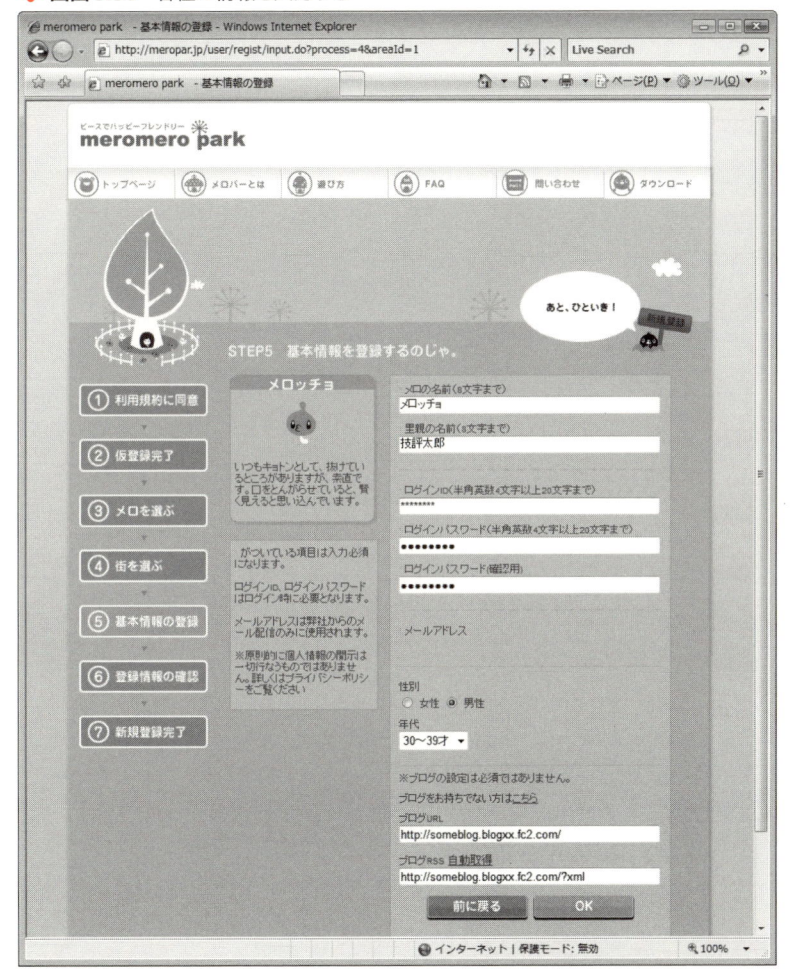

サイドバーにメロを貼り付ける

次に、メロ表示用のコードを、FC2 ブログのサイドバーに貼り付けます。

● メロ表示用コードを得る

まず、メロを表示するためのコードを得ます。

メロメロパークのトップページ（http://meropar.jp）に接続し、ページ左上の部分でログイン ID と

第3章 サイドバーをプラグインでカスタマイズする

パスワードを入力して、「ログイン」の絵をクリックします。そして、ログイン後のページで、右上の方にある「各種設定」をクリックします。

すると、設定のページが開きますので、「ブログパーツ設定」のタブをクリックします。これで、2種類のメロコード（メロ表示用のコード）が表示されますので、「メロウィンドウ」の方のコードをコピーします（**画面 3.37**）。

▼ **画面 3.37** メロコードをコピーする

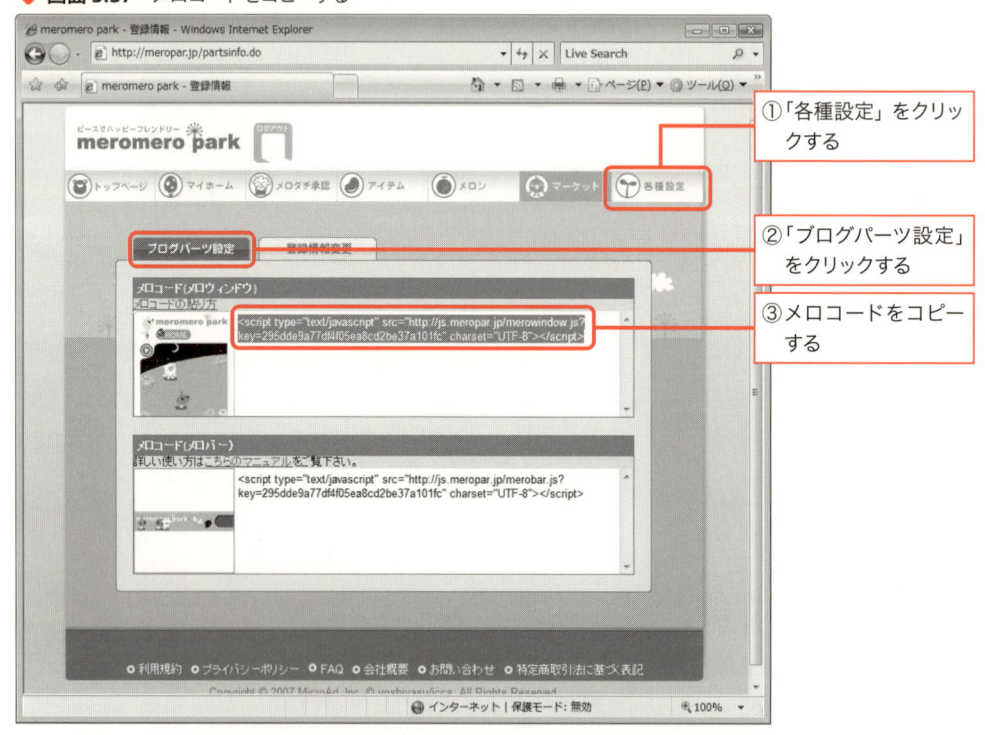

① 「各種設定」をクリックする
② 「ブログパーツ設定」をクリックする
③ メロコードをコピーする

● フリーエリアにメロコードを貼り付ける

次に、FC2ブログの管理者ページにログインし、フリーエリアプラグインを追加して（112ページ参照）、メロコードを貼り付けます。

フリーエリアの設定を行う際には、「タイトル」の欄に「メロメロパーク」などと入力し、「フリーエリア内容の変更」の欄にメロコードを貼り付けます（**画面 3.38**）。これで、128ページの**画面 3.32**のように、サイドバーにメロが表示されます。

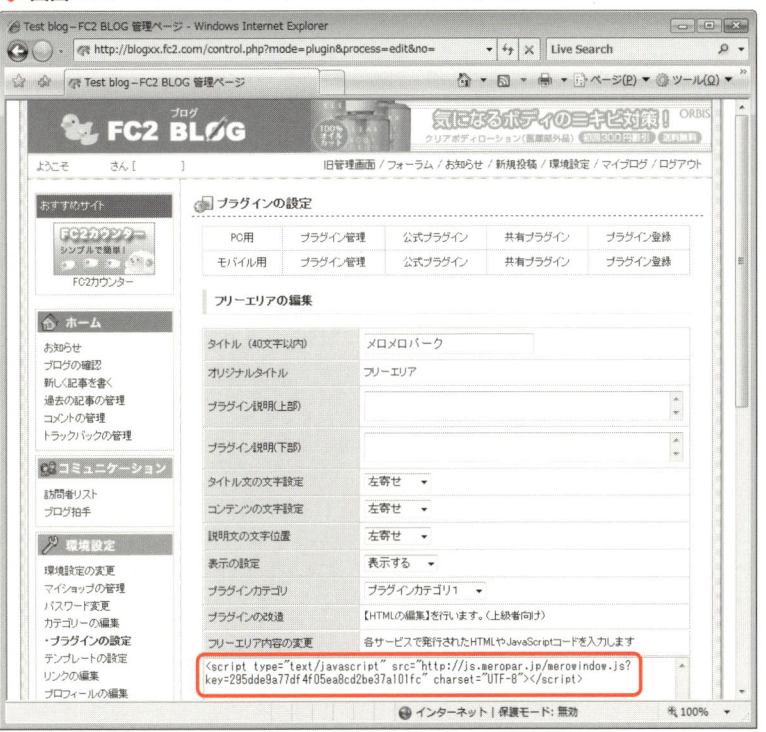

画面 3.38　フリーエリアプラグインにメロコードを貼り付けた

4

FC2ブログを各種の
サービスと組み合わせる

FC2ブログは単体でも便利なブログサービスですが、他のさまざまなサービスと組み合わせることで、より便利になります。ここでは、FC2ブログを様々なサービスと組み合わせる方法を紹介します。

4-1 ブログに地図を貼り付ける

　記事の中で、旅行やお店など、どこかに行った時のことを書くこともあります。その際に、その場所の地図を記事に表示すると、より分かりやすいです。ここでは、「Google マップ」という地図のサービスを利用して、記事に地図を貼り付ける方法を紹介します。

地図のコードを作る

　Google マップは、世界中の地図を表示することができるサービスです。地図を拡大／縮小したり、マウスでスクロールして見ることもでき、使い勝手が良いのが特徴です。

　また、Google マップには、表示した地図を一般のホームページにほぼそのままの形で埋め込む機能もあります。ここでは、この機能を使って、FC2 ブログの記事に地図を埋め込みます。

　まず、地図を表示するためのコードを作ります。Google マップのトップページ（http://maps.google.co.jp）に接続し、地図を表示したい場所の住所や建物名を入力して、「地図を検索」のボタンをクリックして、その場所の地図を表示します。

　地図の左上には、上下左右の矢印と、上下のスライダーがあります。矢印をクリックすると地図を動かすことができます。地図をマウスの左ボタンでクリックし、ボタンを押したままマウスを動かしても、地図を動かすことができます。さらに、スライダーを上下に動かすことで、地図を拡大／縮小することができます。

　地図の位置などを調節し終わったら、ページの右上にある「このページのリンク」をクリックします。すると、地図のコードが表示されますので、「HTML を貼り付けてサイトに地図を埋め込みます」の欄の HTML をコピーします（**画面 4.1**）。

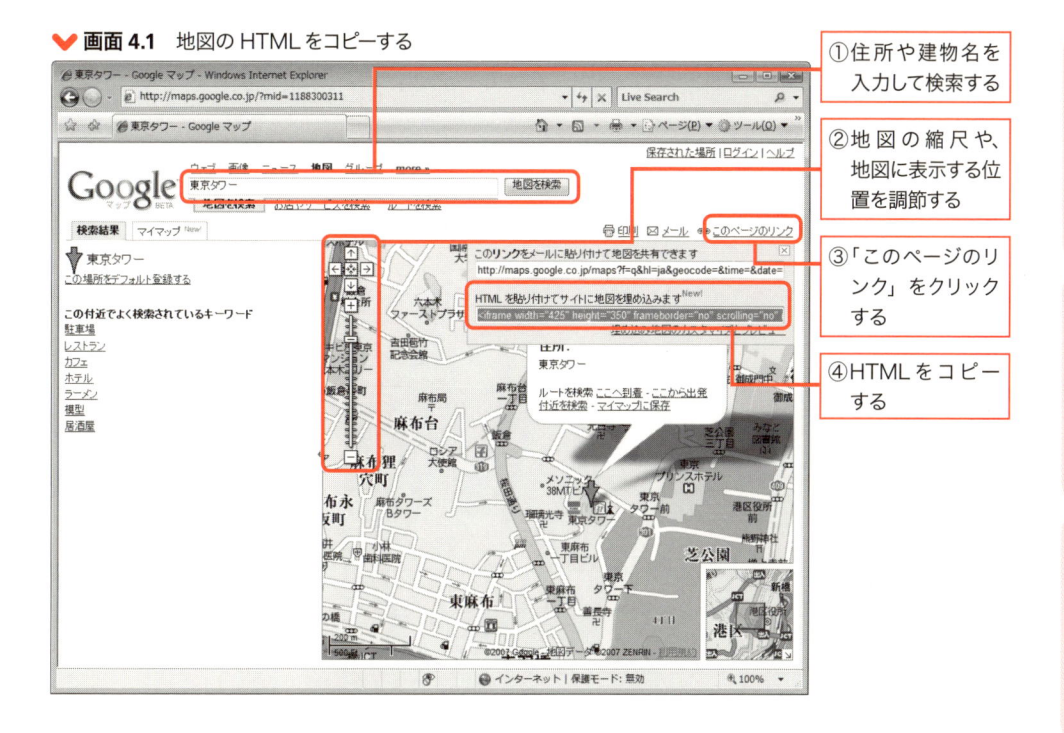

4-1　ブログに地図を貼り付ける

▼**画面 4.1**　地図の HTML をコピーする

①住所や建物名を入力して検索する

②地図の縮尺や、地図に表示する位置を調節する

③「このページのリンク」をクリックする

④HTML をコピーする

地図の大きさをカスタマイズする

　標準では、埋め込み地図は横 425 ピクセル×縦 350 ピクセルの大きさで表示されます。ただ、ブログのテンプレートによっては、サイズが合わなくてうまく表示できない場合もあります。

　そこで、地図のサイズをカスタマイズすることもできます。**画面 4.1** の HTML の欄の下に「埋め込み地図のカスタマイズとプレビュー」というリンクがありますが、そこをクリックするとカスタマイズのページが開きます。

　ページの先頭の方に、地図のサイズを選ぶ部分があります。「小」「中」「大」を選ぶと、地図のサイズはそれぞれ横 300 ×縦 300 ／横 425 ×縦 350 ／横 640 ×縦 480 ピクセルになります。また、「カスタム」をオンにして、その下の「幅」と「高さ」の欄に地図のサイズを入力することもできます。

　「プレビュー」の部分で地図の大きさを確認して、問題がなければ「サイトに地図を埋め込む場合はこの HTML をコピーして貼り付けます。」の欄の HTML をコピーします。

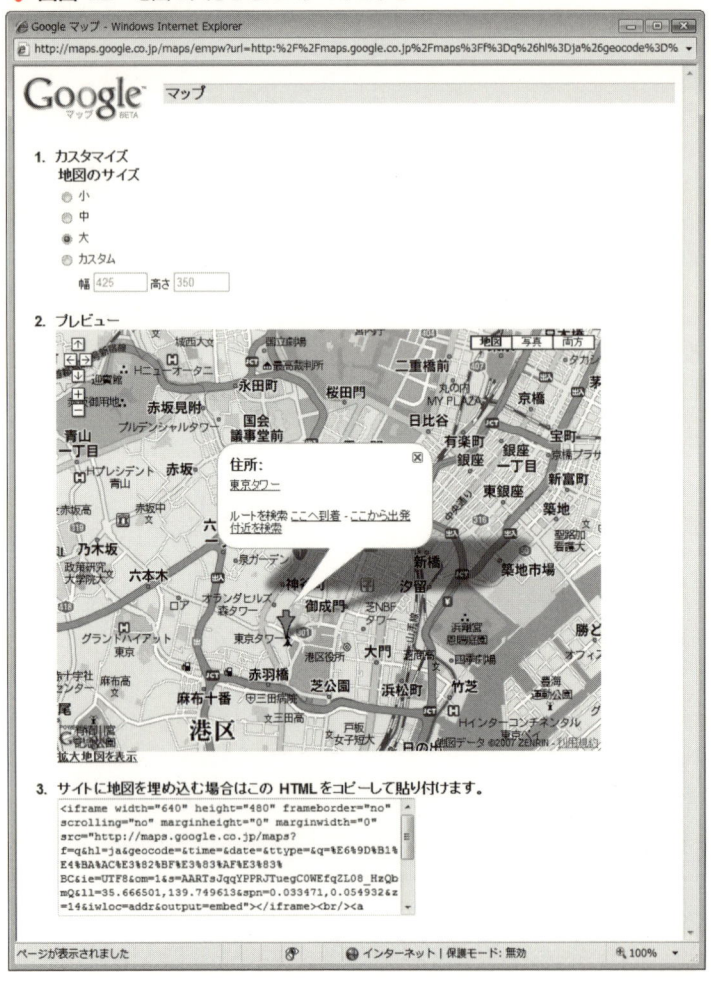

▼ **画面 4.2** 地図の大きさをカスタマイズする

記事に地図を貼り付ける

　次に、FC2ブログの管理者ページにログインし、記事に地図を貼り付けます。

　記事を書く際には、高機能テキストエディタをオフにします。そして、その状態で先ほどコピーしたコードを記事の入力欄に貼り付けます。また、地図のコード以外に、記事の通常の文章等も入力します（**画面 4.3**）。

　記事の入力が終わったら、通常通り保存します。その後でその記事を表示すると、記事内に地図が表示される状態になります（**画面 4.4**）。

4-1 ブログに地図を貼り付ける

▼**画面 4.3** 記事に地図のコードを貼り付ける

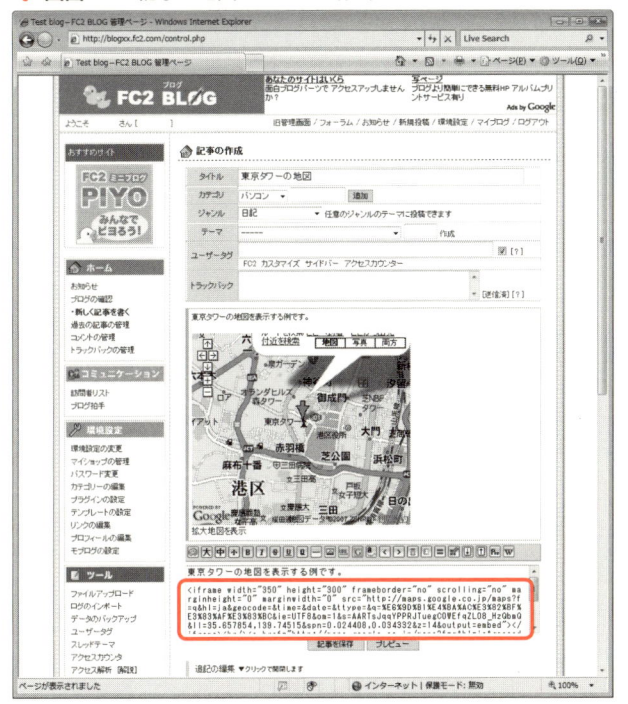

▼**画面 4.4** 地図を入れた記事を表示したところ

4-2 YouTubeの動画をブログに貼り付ける

動画共有サービスのYouTubeは人気が高いですが、YouTubeの動画を自分のFC2ブログに貼り付けることもできます。動画を記事に直接埋め込む方法と、動画のサムネイル画像からYouTubeへリンクする方法を紹介します。

動画を埋め込む

YouTubeの動画は、YouTube以外の一般のホームページに埋め込めるようになっていることが多いです。

個々の動画のページを開くと、「埋め込み」という欄があります。まず、その欄に表示されているコードをすべてコピーします（**画面4.5**）。

そして、FC2ブログで記事を書く際に、今コピーしたコードを貼り付けます。ただし、貼り付ける際には高機能テキストエディタをオフにしておきます（**画面4.6**）。また、動画を貼り付けるとページの表示が重くなりますので、記事の文章を書き終わってから、最後に動画を貼り付ける方が良いです。

記事を保存して表示すると、動画が記事に埋め込まれて表示されます（**画面4.7**）。また、動画上で再生ボタンをクリックすると、記事上でその動画が再生されます。

4-2 YouTube の動画をブログに貼り付ける

▼ **画面 4.5** 「埋め込み」の欄のコードをすべてコピーする

▼ **画面 4.6** コピーしたコードを記事に貼り付ける

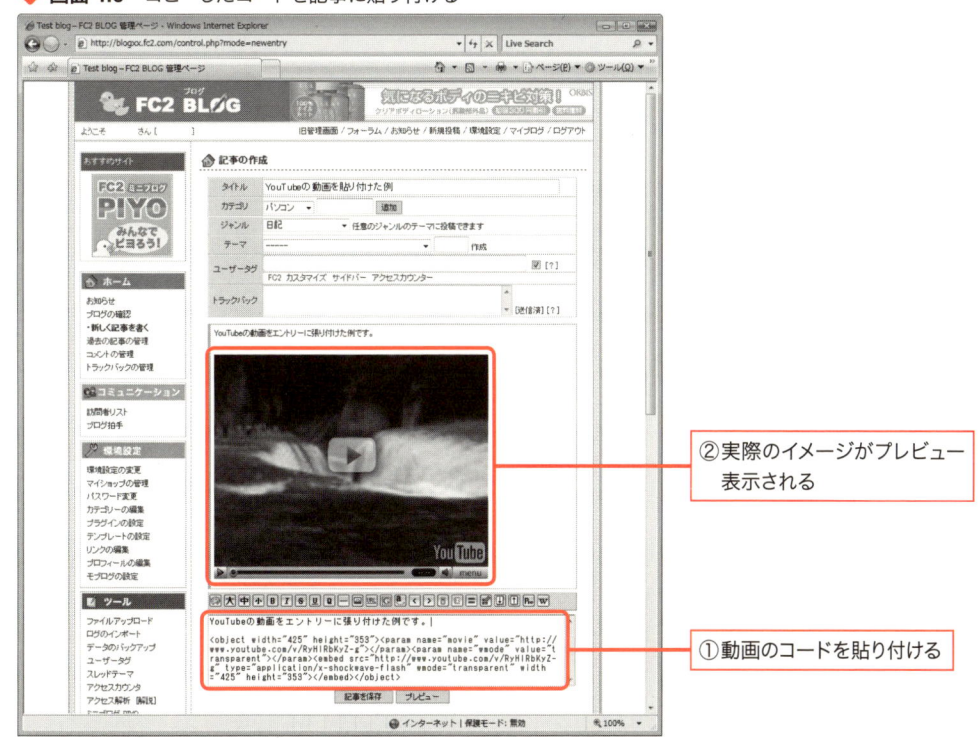

② 実際のイメージがプレビュー表示される

① 動画のコードを貼り付ける

141

▼ 画面 4.7　記事に動画が埋め込まれた

● 動画のサイズを小さくする

　テンプレートによっては、動画が記事の部分からサイドバー等にはみ出してしまうことがあります。そのような時には、動画のサイズを小さくして、外にはみ出さないようにすることもできます。

　YouTube の動画のコードは、**リスト 4.1** のようなものになっています。「幅」と「高さ」がそれぞれ 2 箇所ずつありますが、これらの数値を書き換えることで、動画のサイズを変えることができます。

　例えば、**画面 4.6** に貼り付けたコードは**リスト 4.2** のようになっていて、幅が 425 ピクセル、高さが 353 ピクセルです。これを**リスト 4.3** のように書き換えれば、幅が 350 ピクセル、高さが 300 ピクセルになります。

📄 リスト 4.1　YouTube の動画のコード

```
<object width=" 幅 " height=" 高さ "><param name="movie" value=" 動画のアドレス "></param>
<param name="wmode" value="transparent"></param><embed src=" 動画のアドレス "
type="application/x-shockwave-flash" wmode="transparent" width=" 幅 " height=" 高さ ">
</embed></object>
```

4-2 YouTubeの動画をブログに貼り付ける

リスト 4.2　画面 4.6 に貼り付けたコード（網掛けの数値が幅と高さを表す）

```
<object width="425" height="353"><param name="movie" value="http://www.youtube.com/v/
RyHlRbKyZ-g"></param><param name="wmode" value="transparent"></param><embed src=
"http://www.youtube.com/v/RyHlRbKyZ-g" type="application/x-shockwave-flash"
wmode="transparent" width="425" height="353"></embed></object>
```

リスト 4.3　リスト 4.2 の動画のサイズを小さくした例（網掛け部分が変更した箇所）

```
<object width="350" height="300"><param name="movie" value="http://www.youtube.com/v/
RyHlRbKyZ-g"></param><param name="wmode" value="transparent"></param><embed src=
"http://www.youtube.com/v/RyHlRbKyZ-g" type="application/x-shockwave-flash"
wmode="transparent" width="350" height="300"></embed></object>
```

サムネイルから動画へリンクする

複数の動画を記事に貼り付けたい場合、それらの動画をすべて記事に埋め込むと、記事上で場所をとります。多数の動画をコンパクトに表示したいときは、動画のサムネイルを記事に入れて、そのサムネイルから YouTube のページにリンクするようにしておくと良いでしょう。

● サムネイルのアドレス

YouTube（日本語版）の個々の動画のページのアドレスは、以下のようになっています。

URL http://jp.youtube.com/watch?v=動画のID

この「動画のID」から、サムネイルのアドレスを以下のように作ることができます。

URL http://img.youtube.com/vi/動画のID/default.jpg

例えば、動画のページのアドレスが「http://jp.youtube.com/watch?v=ABCDEFGHIJK」だとすると、その動画のサムネイルのアドレスは「http://img.youtube.com/vi/ABCDEFGHIJK/default.jpg」になります。

● サムネイルから動画へリンクする

上記のアドレスを利用して、サムネイルから動画へリンクするための HTML を作ります。

サムネイルがクリックされたときに、動画のページに移動するだけの場合、その HTML は**リスト 4.4**のようなものになります。「動画のタイトル」の箇所には、動画のタイトルを自分で決めて入れます。

また、サムネイルがクリックされたときに、別のウィンドウを表示してそちらに動画のページを

第4章　FC2 ブログを各種のサービスと組み合わせる

表示したいなら、**リスト 4.5** のような HTML を入れます。

例えば、ID が「RyHlRbKyZ-g」の動画（142 ページの**画面 4.7** で使っているもの）のサムネイルを記事に入れ、それがクリックされたときに、別ウィンドウに動画のページを表示するようにしたいとします。それには、記事に**リスト 4.6** のような HTML を入力します（**画面 4.8**）。

また、この記事を実際に表示して、サムネイルをクリックすると、別ウィンドウが開いて、YouTube の動画のページが表示されます（**画面 4.9**）。

📄 リスト 4.4　サムネイルから動画へリンクするタグ
```
<a href="http://jp.youtube.com/watch?v= 動画の ID"><img src="http://img.youtube.com/vi/ 動画の ID/default.jpg" alt=" 動画のタイトル " /></a>
```

📄 リスト 4.5　動画のページを別ウィンドウに表示する
```
<a href="http://jp.youtube.com/watch?v= 動画の ID" target="_blank"><img src="http://img.youtube.com/vi/ 動画の ID/default.jpg" alt=" 動画のタイトル " /></a>
```

📄 リスト 4.6　記事に入力する HTML の例
```
<a href="http://jp.youtube.com/watch?v=RyHlRbKyZ-g" target="_blank"><img src="http://img.youtube.com/vi/RyHlRbKyZ-g/default.jpg" alt=" 滝 " /></a>
```

▼ **画面 4.8**　記事にリスト 4.6 を入力した例

4-2 YouTubeの動画をブログに貼り付ける

▼ **画面4.9** 画面4.8の記事を開いてサムネイルをクリックしたところ

第4章　FC2 ブログを各種のサービスと組み合わせる

4-3 → Litebox で画像を格好良く表示する

「写真等の画像を記事に入れて、サムネイルがクリックされたときに、元の写真を表示するようにする」というのは、よくあるパターンです。これを「Litebox」という JavaScript で改良して、画像の表示方法を格好良くする方法を紹介します。

Litebox の概要

一般に、記事に画像を入れる場合、画像そのものではなくサムネイルを入れておいて、そのサムネイルがクリックされたときに元の画像だけを表示する、というパターンを取ることが多いです。

Litebox は、このような画像表示に特殊な効果をつける JavaScript です。サムネイル画像がクリックされると、ページが全体的に暗くなり、枠がズームインするような感じで現れて、その中に画像が表示されます（**画面 4.10**、**画面 4.11**）。この表示を初めて見るときには、なかなかインパクトがあると思います。

▼ **画面 4.10**　サムネイルの表示

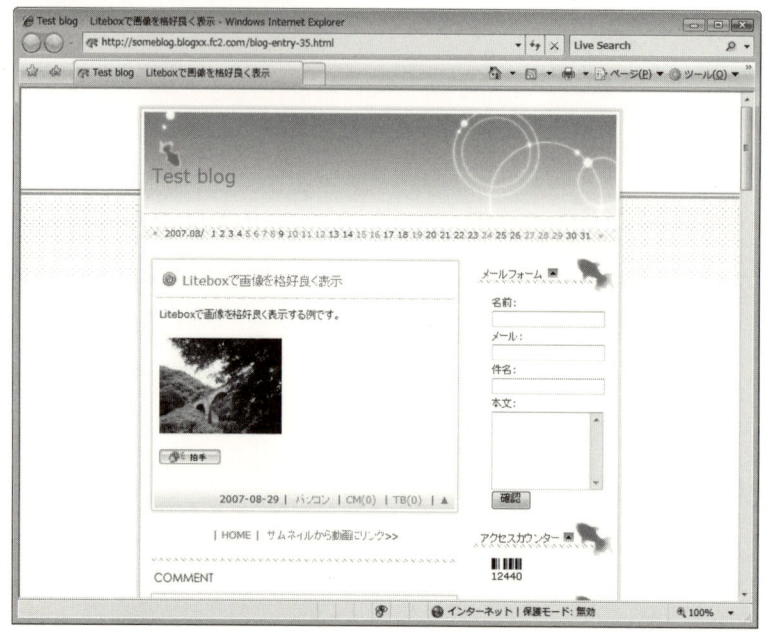

▼ **画面4.11** サムネイルをクリックするとこのような表示になる

Liteboxをダウンロードする

LiteboxはTyler Mulligan氏が作ったJavaScriptで、以下のページで配布されています。

URL http://www.doknowevil.net/litebox/

　このページに接続し、ページを下の方にスクロールしていくと、「Download」の箇所がありますので、リンクをクリックします。本書執筆時点では、「litebox-1.0.zip」が最新版でした（**画面4.12**）。
　Windows XPやWindows Vistaの場合、リンクをクリックすると**画面4.13**のような画面が表示されます。「保存」のボタンをクリックして、次に表示される画面でファイルの保存先を指定します。
　しばらくするとダウンロードが終わり、上で指定した箇所にファイルが保存されます。このファイルは「Zip」という形式で圧縮されていますので、展開（解凍）して中のファイルを取り出します。
　Windows XPやWindows Vistaであれば、Windows自体に展開の機能が付いていますので、それを利用すれば良いでしょう。

第4章　FC2ブログを各種のサービスと組み合わせる

▼画面 4.12　Litebox のダウンロード

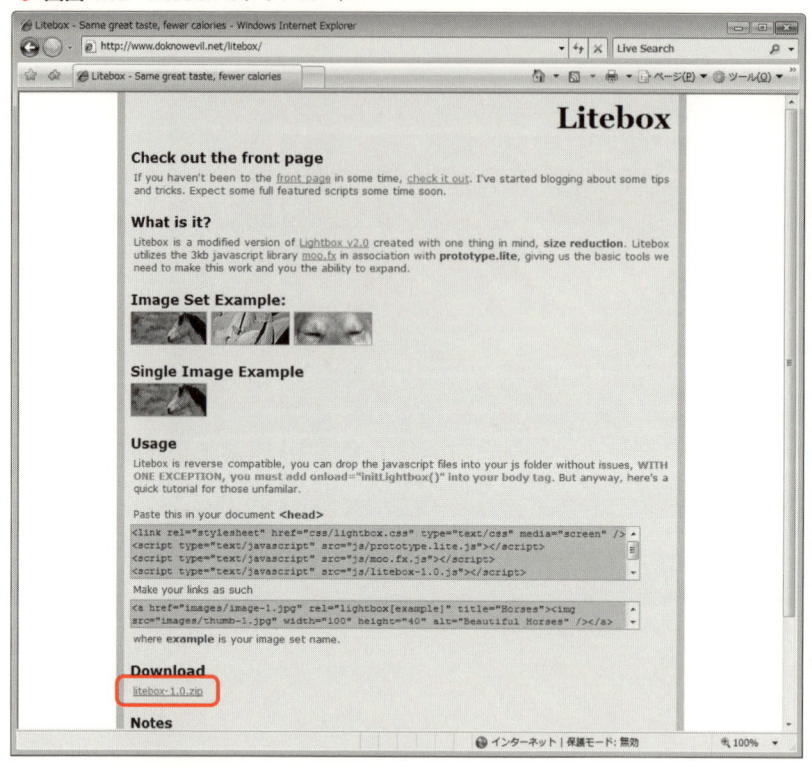

▼画面 4.13　Litebox のファイルを保存する

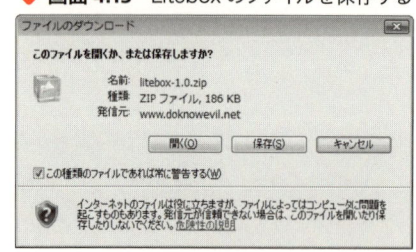

ファイルのアップロード

　litebox-1.0.zip を展開すると、表 4.1 のフォルダおよびファイルができます。これらのファイルのうち、ファイル名の背景が白地になっているファイル（styles.css など）を、FC ブログにアップロードしておきます。アップロードの手順は、18 ページを参照してください。

　背景が薄い網掛けになっているフォルダおよびファイルは、アップロードしません。また、背景

が濃い網掛けになっている「litebox.css」と「litebox-1.0.js」は、ファイルの内容を一部書き換えてからアップロードします。

▼ 表4.1　litebox-1.0.zipを展開してできるフォルダとファイル

```
├─index.html
├─css フォルダ
│  ├─litebox.css
│  └─styles.css
├─images フォルダ
│  ├─blank.gif
│  ├─closelabel.gif
│  ├─image-1.gif
│  ├─image-2.gif
│  ├─image-3.gif
│  ├─loading.gif
│  ├─nextlabel.gif
│  ├─prevlabel.gif
│  ├─thumb-1.gif
│  ├─thumb-2.gif
│  └─thumb-3.gif
└─js フォルダ
   ├─litebox-1.0.js
   ├─moo.fx.js
   └─prototype.lite.js
```

litebox.css ファイルの書き換え

次に、展開してできたファイルのうち、「litebox.css」ファイルをメモ帳等で開いて、内容を書き換えます。

litebox.cssの45行目〜55行目付近に、**リスト4.7**のような部分があります。これらの行に「url(../images」の部分が3箇所ありますが、それらをすべて「url(/file」に置換して、**リスト4.8**のようにします。

書き換えが終わったら、ファイルを保存して、FC2ブログにアップロードします。

リスト4.7　書き換える前のlitebox.css（網掛けは置換する対象）

```
・
・（略）
・
#prevLink, #nextLink{
    width: 49%;
    height: 100%;
```

```
    background: transparent url(../images/blank.gif) no-repeat; /* Trick IE into showing hover */
    display: block;
    }
#prevLink { left: 0; float: left;}
#nextLink { right: 0; float: right;}
#prevLink:hover, #prevLink:visited:hover { background: url(../images/prevlabel.gif) left
15% no-repeat; }
#nextLink:hover, #nextLink:visited:hover { background: url(../images/nextlabel.gif) right
15% no-repeat; }
・
・（略）
・
```

📋 リスト 4.8　書き換えた後の litebox.css（網掛けは置換後の結果）

```
#prevLink, #nextLink{
    width: 49%;
    height: 100%;
    background: transparent url(/file/blank.gif) no-repeat; /* Trick IE into showing hover */
    display: block;
    }
#prevLink { left: 0; float: left;}
#nextLink { right: 0; float: right;}
#prevLink:hover, #prevLink:visited:hover { background: url(/file/prevlabel.gif) left 15%
no-repeat; }
#nextLink:hover, #nextLink:visited:hover { background: url(/file/nextlabel.gif) right 15%
no-repeat; }
```

🦆 litebox-1.0.js の書き換え

次に、litebox-1.0.js の中で、以下の 3 箇所を書き換えます。

● 20 行目付近の書き換え

litebox-1.0.js の先頭から 20 行目付近に、**リスト 4.9** のような部分があります。この中の 2 箇所の「images」を「/file」に置換します（**リスト 4.10**）。

📋 リスト 4.9　書き換える前の 20 行目付近（網掛けは置換する対象）

```
・
・（略）
・
```

4-3 Liteboxで画像を格好良く表示する

```
//
//      Configuration
//
var fileLoadingImage = "images/loading.gif";
var fileBottomNavCloseImage = "images/closelabel.gif";
var resizeSpeed = 6;     // controls the speed of the image resizing (1=slowest and 10=fastest)
var borderSize = 10;     //if you adjust the padding in the CSS, you will need to update
this variable
・
・(略)
・
```

リスト 4.10 書き換えた後の 20 行目付近（網掛けは置換後の結果）

```
・
・(略)
・
//
//      Configuration
//
var fileLoadingImage = "/file/loading.gif";
var fileBottomNavCloseImage = "/file/closelabel.gif";
var resizeSpeed = 6;     // controls the speed of the image resizing (1=slowest and 10=fastest)
var borderSize = 10;     //if you adjust the padding in the CSS, you will need to update
this variable
・
・(略)
・
```

● 130行目付近の書き換え

次に、litebox-1.0.jsの先頭から130行目付近に、**リスト4.11**の網掛けの行を追加します。

この追加が終わったら、litebox-1.0.jsのファイルを保存して、FC2ブログにアップロードしておきます。

リスト 4.11 130行目付近に網掛けの行を追加する

```
・
・(略)
・
// loop through all anchor tags
for (var i=0; i<anchors.length; i++){
    var anchor = anchors[i];
```

```
    if (anchor.getAttribute('href') && anchor.getAttribute('href').match(/jpg$|gif$|png$/)
    && !anchor.getAttribute('rel')) {
        anchor.setAttribute('rel', 'lightbox');
    }

    var relAttribute = String(anchor.getAttribute('rel'));
```

・
・(略)
・

テンプレートの書き換え

最後に、FC2 ブログのテンプレートを書き換えます。

HTML のテンプレートを編集する状態にして（55 ページ参照）、テンプレートの中で「</head>」のタグを探します。そして、そのタグの直前に、**リスト 4.12** の網掛けの 3 行を追加します。次に、「<body>」のタグを探して、そのタグを**リスト 4.13** のように書き換えます。そして、テンプレートを保存します。

例えば、公式テンプレートの「goldfish_bowl」の場合、**画面 4.14** で選択されている部分のように書き換えます。

なお、テンプレートによっては、<body> タグに何らかの属性がついている場合もあります。その場合は、その属性の後にスペースを入れて、その後に「onload="initLightbox()"」を追加します。

リスト 4.12　</head> タグの前に網掛けの 3 行を追加する

```
<script type="text/javascript" src="/file/prototype.lite.js"></script>
<script type="text/javascript" src="/file/moo.fx.js"></script>
<script type="text/javascript" src="/file/litebox-1.0.js"></script>
</head>
```

リスト 4.13　<body> タグの書き換え（網掛け部分を追加）

```
<body onload="initLightbox()">
```

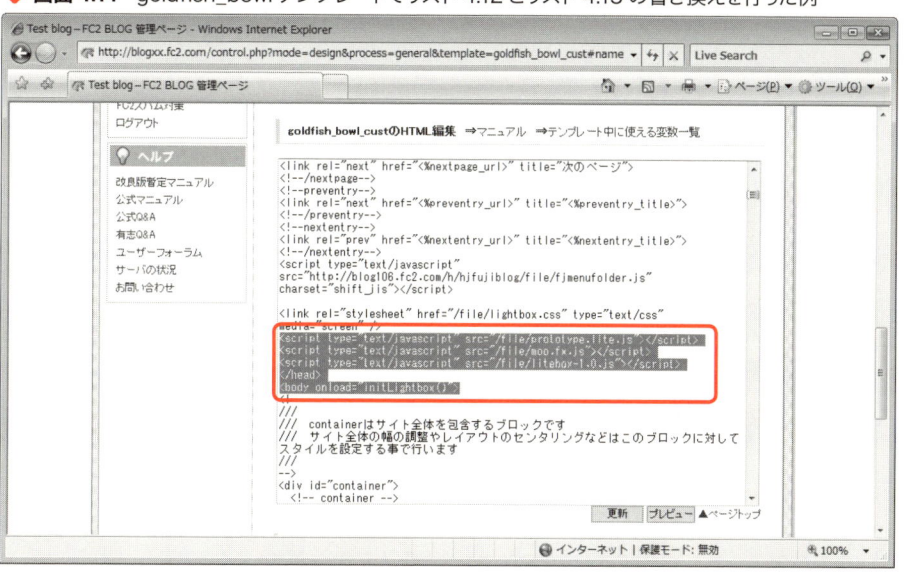

4-3 Litebox で画像を格好良く表示する

▼ **画面 4.14** goldfish_bowl テンプレートでリスト 4.12 とリスト 4.13 の書き換えを行った例

記事に画像を入れる

ここまでが終わったら、あとは記事に画像を入れるだけです。**リスト 4.14** のように、サムネイル画像の img 要素をリンクの a 要素で囲み、リンク先を画像のアドレスにします（**画面 4.15**）。

リスト 4.14　記事に画像を入れる書き方

```
<a href=" 画像のアドレス "><img src=" サムネイルのアドレス " alt=" 画像の代替テキスト " /></a>
```

第 4 章　FC2 ブログを各種のサービスと組み合わせる

▼ **画面 4.15**　リスト 4.14 のような部分を記事に入れた例

🐾👍 Litebox の注意点

　Litebox の JavaScript は、ページの読み込みがすべて終わった時点で動作するようになっています。そのため、ページの中に読み込みに時間がある部分があって、読み込みがまだ終わっていない段階で画像をクリックすると、Litebox が動作せずに、ページが切り替わって画像のみが表示されます。

　また、Litebox で画像を表示するとページ全体が暗くなりますが、一部のブログパーツには暗くならないものがあります（155 ページの BlogToyBBS など）。その場合の解決方法は、以下のホームページを参照してください。

URL http://www.koikikukan.com/archives/2006/03/17-021717.php

4-4 サイドバーに掲示板をつける

ブログには各記事にコメント欄がありますが、記事に関係しないコメントを書こうと思った方には、敷居が高い感じがあります。そこで、サイドバーに掲示板をつけて、記事に関係ないコメントは、そこに書いてもらうようにすると良いです。

BlogToyBBS に登録する

サイドバーにつけられる掲示板は、いろいろなサイトで公開されています。ここでは、それらの中から「BlogToyBBS」という掲示板を使います（画面4.16）。

BlogToyBBS は、BlogPet を開発したリンクシンクが提供しているサービスです。サイドバー用で機能的にはシンプルですが、通常の使い方をする分には特に問題はないと思います。

▼ 画面4.16　BlogToyBBS をサイドバーに入れた例

第 4 章　FC2 ブログを各種のサービスと組み合わせる

● **BlogToy に登録する**

　BlogToyBBS を使うには、BlogToy にユーザー登録することから始めます。

　まず、BlogToy のトップページ（http://blogtoy.net）に接続し、ページ左上の方にある「BlogToy 無料登録」のボタンをクリックします（**画面 4.17**）。

　すると、ID など入力するページが表示されます。ID とパスワードは自分で決めて入力します。そして、自分のメールアドレス／誕生日／ブログのアドレスを入力して、「規約に同意して次へ」のボタンをクリックします（**画面 4.18**）。

　その後、登録を完了させるためのメールが送られてきますので、そのメールを受信し、その中に書かれているアドレスに接続します。これで登録が完了します。

▼ **画面 4.17**　「BlogToy 無料登録」のボタンをクリックする

4-4 サイドバーに掲示板をつける

▼**画面 4.18** IDやパスワードなどを入力する

BlogToyBBS の利用を始める

次に、BlogToy のサイトにログインして、BlogToyBBS を使える状態にします。

ログインするには、BlogToy のトップページ（http://blogtoy.net）に接続し、その左上の方にある「ログインはこちらから」の箇所に、先ほど決めた ID とパスワードを入力して、「ログイン」のボタンをクリックします。

ここで、ページ左下の方にある「BlogToy カテゴリ」の箇所で、「BlogToyBBS」のリンクをクリックします（**画面 4.19**）。そして、次に表示されるページで、「このブログパーツを貼る」のボタンをクリックします（**画面 4.20**）。

157

第4章　FC2 ブログを各種のサービスと組み合わせる

▼画面 4.19 「BlogToyBBS」のリンクをクリックする

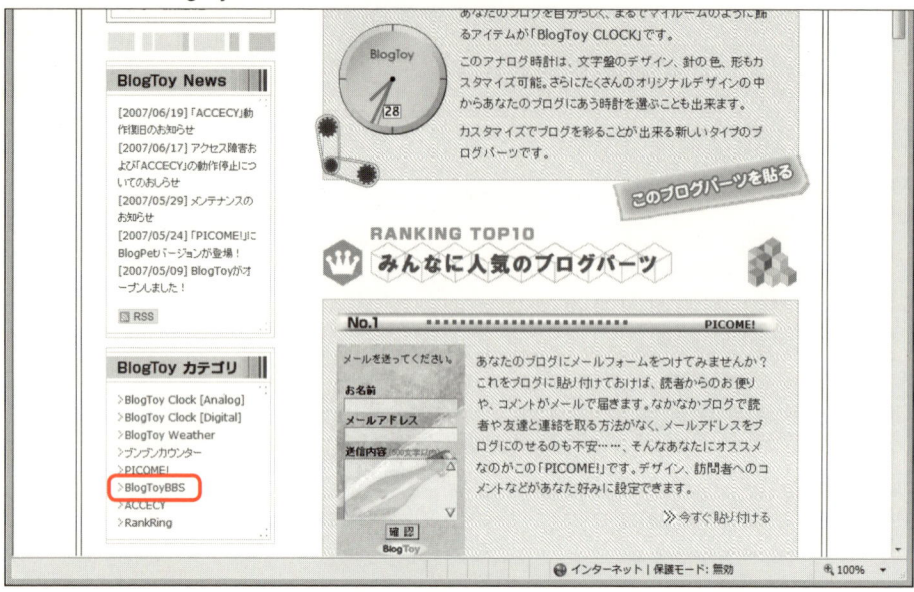

▼画面 4.20 「このブログパーツを貼る」のボタンをクリックする

● BlogToyBBS の設定とコードの取得

前のステップが終わると、BlogToyBBS の設定を行う状態になります。ここでは、BlogToyBBS の背景の色を設定することができます。また、背景に画像を入れることもできます。

背景色を指定する場合は、「背景の色」の欄の右端のボタンをクリックして、色選択のボックスを表示し、その中で使いたい色を選びます。

また、背景に画像を入れたいときは、「参照」ボタンをクリックします。すると、ファイルを選ぶ画面が表示されますので、自分のパソコンの中から背景に使う画像のファイルを指定します。

背景色または背景画像を設定したら、「設定を保存」のボタンをクリックします。そして、「HTMLコード」の欄のコードをコピーしておきます（**画面4.21**）。

なお、背景色／画像は後でも変えることができます。BlogToyにログインした後、ページ左上の「ご利用中のBlogToy」の箇所で「BlogToyBBS」をクリックすると、**画面4.21**が再度表示されます。

▼ **画面4.21** BlogToyBBS の設定とコードの取得

第 4 章　FC2 ブログを各種のサービスと組み合わせる

BlogToyBBS をサイドバーに入れる

次に、FC2 ブログのサイドバーに、BlogToyBBS を表示できるようにします。

まず、FC2 ブログの管理者ページにログインし、フリーエリアプラグインを追加して、プラグインの設定を行う状態にします（112 ページ参照）。

「タイトル」の欄には「掲示板」等と入力します。また、「フリーエリア内容の変更」の欄には、先ほどコピーした HTML コードを貼り付けます（**画面 4.22**）。そして、「変更を保存」のボタンをクリックします。

これで、155 ページの**画面 4.16** のように、サイドバーに BlogToyBBS の掲示板が表示されます。

▼**画面 4.22**　BlogToyBBS の HTML コードをフリーエリアプラグインに貼り付ける

5

ブログでお小遣いを貯める

ブログ等のホームページに広告を掲載して、そこから商品が売れたりした時に、お小遣いが貯まる仕組み（アフィリエイト）があります。FC2ブログではアフィリエイトも行いやすくなっていて、広告から収入を得られる可能性もあります。

この章では、Amazonのアフィリエイトの「Amazonアフィリエイト」を中心に、FC2ブログでアフィリエイトを行う方法を紹介します。

5-1 → アフィリエイトの概要

　本書をお読みの方の中には、今回初めて「アフィリエイト」という言葉を知った方もいらっしゃるかも知れません。そこで、アフィリエイトについて概要をまとめておきます。

🐤 アフィリエイト＝ホームページに広告を掲載して報酬を得る仕組み

　今やインターネットはごく当たり前のものになり、多くの人が毎日のように何らかのホームページに訪れています。となれば、ホームページに広告を入れることで、その広告が多くの人の目に留まる可能性も高いです。そのため、現在ではあちこちのホームページに何らかの広告が入っています（**画面5.1**）。

　広告を掲載する側は、広告を依頼した側から、報酬を得ることができます。現在では、大きく分けて「成果報酬型」と「クリック保証型」の2つの方式が取られています。

　成果報酬型は、広告を介して商品やサービスが売れたときに、その代金の一部が報酬として支払われるものです。高い商品が売れれば、一度に大きな報酬が支払われる可能性があります。

　一方のクリック保証型は、広告がクリックされるたびに報酬が支払われます。1クリック当たりの報酬は1円～数円と安いですが、商品が売れなくても広告がクリックさえすれば報酬になります。

　もっとも、成果報酬型／クリック保証型のどちらも、過大な期待をすることは禁物です。月に1,000円も報酬があれば良い方で、報酬が0という方もザラにいます。

▼**画面 5.1**　FC2 ブログに広告を貼り付けた例

ASP と提携して広告を貼る

　自分のホームページに広告を貼る際には、「ASP」とまず提携します。ASP は「アフィリエイト・サービス・プロバイダー」の略で、企業からの広告の依頼を取りまとめる一方、個人に対して広告を貼るためのサービスを提供し、企業と個人の仲立ちをする業者です。

　アフィリエイトの流行に伴って ASP の数も増えましたが、本書ではその中から「Amazon アソシエイト」を中心に取り上げます。

　Amazon アソシエイトは、書籍等のネット販売でおなじみの Amazon が行っているアフィリエイトのシステムで、成果報酬型です。Amazon ではさまざまな商品が販売されていますが、それらをアフィリエイトで扱うことができ、また商品の写真を使うこともできるので、ブログでさまざまな商品を宣伝することができます。

　また、FC2 ブログには「マイショップ」という機能があり、Amazon の商品を検索して、その広告のコードを簡単に作ることができるようになっています(**画面 5.2**)。

第 5 章　ブログでお小遣いを貯める

▼ **画面 5.2**　マイショップで Amazon の広告を作ることができる

5-2 Amazonアソシエイトに登録する

Amazonの広告で収入を得るには、まずAmazonアソシエイトに登録することが必要です。ここではAmazonアソシエイトに登録する手順を解説します。

登録の前に必要なこと

　Amazonアソシエイトでは、登録の際に審査が行われ、ホームページ（ブログ）の内容がチェックされます。ブログを作ったばかりでまだ記事が少ない場合、審査で却下されることもあり得ます。

　ある程度記事を書いて、ブログの方向性が決まってから、Amazonアソシエイトに登録するようにした方が良いでしょう。

登録を始める

　Amazonアソシエイトの登録を始めるには、Amazonのトップページ（http://www.amazon.co.jp）に接続してページを下の方にスクロールし、左端にあるメニューの中で「アソシエイト・プログラム（アフィリエイト）」のリンクをクリックします（画面5.3）。

　そして、次に表示されるページで、左上の方にある「いますぐ参加する」のボタンをクリックします（画面5.4）。

▼**画面5.3**　Amazonのトップページで「アソシエイト・プログラム（アフィリエイト）」のリンクをクリックする

165

第5章 ブログでお小遣いを貯める

▼画面5.4 「いますぐ参加する」のボタンをクリックする

メールアドレスの入力

次のステップでは、自分のメールアドレスを入力します（画面5.5）。

Amazon自体を使うのが初めてで、Amazonに登録していない方の場合、「Eメールアドレス」の欄にメールアドレスを入力して、「初めて利用します」をオンにします。また、Amazonに登録していても、Amazonアソシエイトのメールアドレスを別にしたい方も、「初めて利用します」をオンにします。

一方、Amazonにすでに登録していて、そのメールアドレスでAmazonアソシエイトを行いたい場合は、「Eメールアドレス」の欄にメールアドレスを入力して、「登録している方はパスワードを入力してください」の欄にAmazonのパスワードを入力します。

入力が終わったら、「サインイン」のボタンをクリックします。

▼画面5.5 メールアドレスの入力

氏名等の入力

前のステップで「初めて利用します」をオンにした場合、次のステップでは自分の名前等の情報を入力します（画面 5.6）。パスワードは自分で決めて入力します。

なお、前のステップで登録済みのメールアドレスを入力した場合、このステップはスキップされ、次のステップに進みます。

▼ 画面 5.6　氏名等の入力

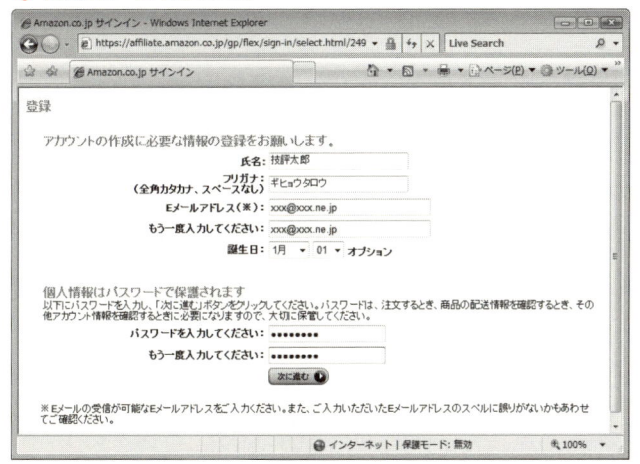

連絡先とサイトの情報を入力する

次のステップでは、自分の連絡先と Web サイト（自分のブログ）の情報を入力します（画面 5.7）。

前半の「連絡先の情報」の部分では、自分の氏名等の情報を入力します。ここは特に難しい点はないでしょう。また、「消費税の納税義務者です」は、通常の個人なら「いいえ」です[注]。

後半の「Web サイト情報」では、以下のように自分のブログに関する情報を入力します。

① 「あなたの Web サイト名」

自分のブログの名前を入力します。ただし、日本語は不可なので、ブログ名が日本語の場合はローマ字表記にするなどします。

② 「あなたの Web サイトの URL」

自分のブログのトップページのアドレスを入力します（http:// ○○○ .blog □□□ .fc2.com/）。

③ 「Web サイトの種類」

「PC サイト」を選びます。

④「あなたのサイトに最も適切なサブカテゴリはどれにあたりますか？」

「選択してください」欄の右端のボタンをクリックし、自分のブログの大まかなジャンルを選びます。

⑤「あなたのWebサイトについて、また紹介したい商品について簡単に説明してください」

自分のブログの大まかな紹介や、ブログで紹介したい商品について書きます。

⑥「あなたのWebサイトのタイプ」

「ブログ・コミュニティASP」を選びます。

⑦「契約条件」

チェックをオンにします。

ここまでの入力がすべて終わったら、ページの下端にある「登録」のボタンをクリックします。

▼**画面 5.7**　連絡先とサイト情報の入力

> **注 消費税の課税について**
>
> 　消費税がかかるのは、年間の課税売上が 1,000 万円超の人です。会社員が副業でアフィリエイトを行う場合、アフィリエイトの収入が年間 1,000 万円を超えることはほとんどないと思いますので、消費税を心配することもまずありません。
>
> 　一方、何らかの事業を行っていて課税売上がある人の場合、アフィリエイトも含めて 1,000 万円以上の課税売上があれば、消費税の課税対象になります。詳しくはお近くの税務署でお問い合わせください。

アソシエイト ID のメモと支払方法の指定

　ここまでで登録は終わりです。

　ページの左上に「あなたのアソシエイト ID」としてアルファベットと数字のコードが表示されます（画面 5.8）。このコードは Amazon の広告を貼る際などに使いますので、何かにメモするなどしておきます。また、登録が終わると Amazon からメールが送られてきますが、そのメールにもアソシエイト ID が記載されています。

　さらに、この画面では支払方法を選ぶようにメッセージが表示されますので、「支払方法を今指定する」のボタンをクリックします。

　支払方法は、Amazon ギフト券と銀行振込みから選ぶことができます。Amazon ギフト券の場合、報酬が毎月末に集計されて、1,500 円を超えていれば、2 ヶ月後にギフト券のコード番号がメールで送られてきます。一方、銀行の場合、月末の報酬が 5,000 円を超えていたら、2 ヶ月後に振込みになります。また、振り込みの際には 300 円の手数料が引かれます。

　通常は、支払方法を Amazon ギフト券にしておいて、報酬を Amazon での買い物に使うようにすると良いでしょう。その場合は、「Amazon ギフト券での支払いを希望」をオンにして「登録」ボタンをクリックします。これで登録が終わります。

　一方、報酬を現金で受け取りたい方は、「銀行振込での支払いを希望」をオンにします。すると、振込先の口座番号等を入力する状態になりますので、画面の指示に従って情報を入力し、「登録」のボタンをクリックします。

　なお、支払方法は後で変えることもできます。例えば、とりあえず Amazon ギフト券を選んでおいて、あとで銀行振込みに変えることもできます。

▼ **画面 5.8** 「支払方法を今指定する」のボタンをクリック

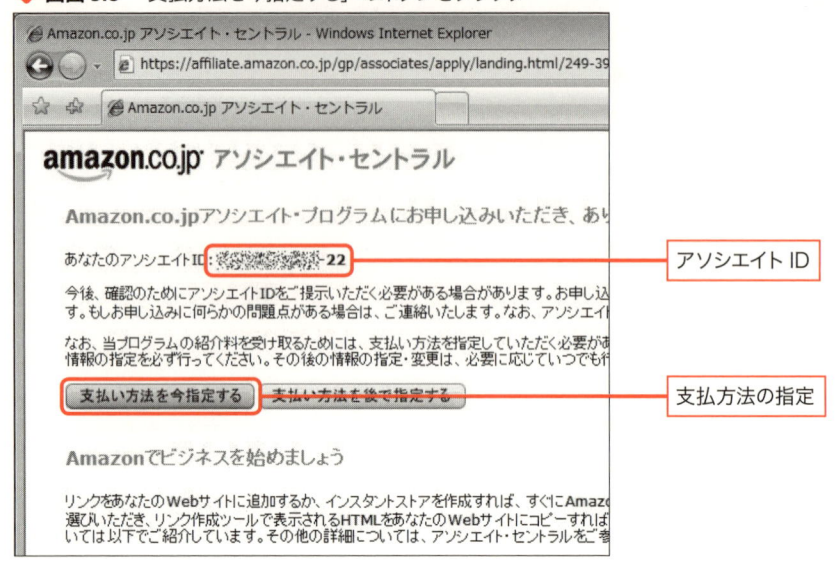

アソシエイト ID

支払方法の指定

▼ **画面 5.9** 支払方法を選ぶ

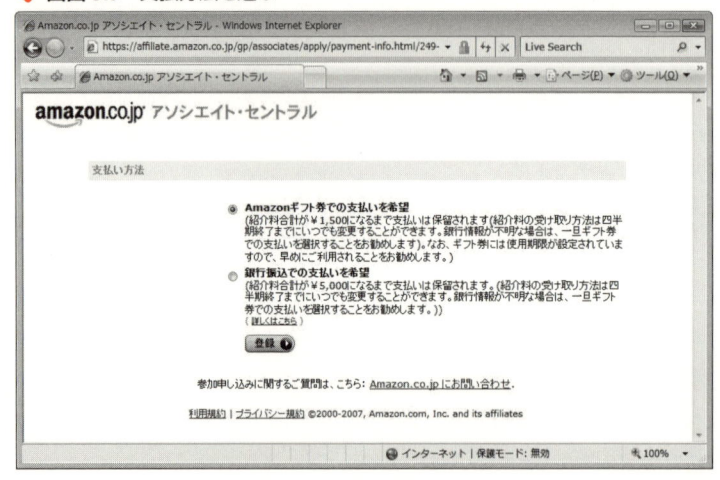

審査結果を待つ

　ここまでで登録は終わりですが、その後に Amazon で審査が行われます。審査には 3 日ほどの時間がかかります。審査結果はメールで送られてきますので、それまで待ちます。

5-3 マイショップ機能で広告を掲載する

FC2ブログには、Amazonアソシエイトの広告を簡単に入れられるように、「マイショップ」という機能があります。この節では、マイショップ機能を使って広告を表示する手順を紹介します。

アソシエイトIDを登録する

マイショップ機能を使うには、まず自分のアソシエイトID（169ページ参照）をFC2ブログに登録します。

FC2ブログの管理者ページにログインし、ページ左端のメニューで「環境設定」の中の「マイショップの管理」をクリックします。

すると、ショップの設定を行うページが表示されますので、「アソシエイトID」の欄に自分のアソシエイトIDを入力します（**画面5.10**）。そして、「更新」ボタンをクリックして、アソシエイトIDを保存します。

▼**画面5.10** アソシエイトIDを登録する

②自分のアソシエイトIDを入力して「更新」ボタンをクリック

①「マイショップの管理」をクリック

商品のカテゴリを設定する

マイショップ機能では、検索した商品をカテゴリに分類して保存しておくことができます。まずはそのカテゴリーを設定します。

マイショップ管理のページで、右上の方にある「商品カテゴリ設定」のリンクをクリックすると、カテゴリを設定するページが開きます。「カテゴリ名」の欄に、カテゴリ名を自分で決めて入力します（**画面5.11**）。そして、「追加」のボタンをクリックします。

カテゴリ名を入力して、「追加」ボタンを押すという手順を繰り返すことで、複数のカテゴリを登録することができます。追加したカテゴリは、「商品カテゴリ一覧」の箇所に表示されます。

なお、特に人におすすめしたい商品は、「おすすめ」のようなカテゴリを作っておいて、そこに登録しておくとよいです。後の180ページで解説しますが、プラグインを使って、「おすすめ」カテゴリの商品をサイドバーに表示する、といったこともできます。

▼ **画面5.11** カテゴリの設定

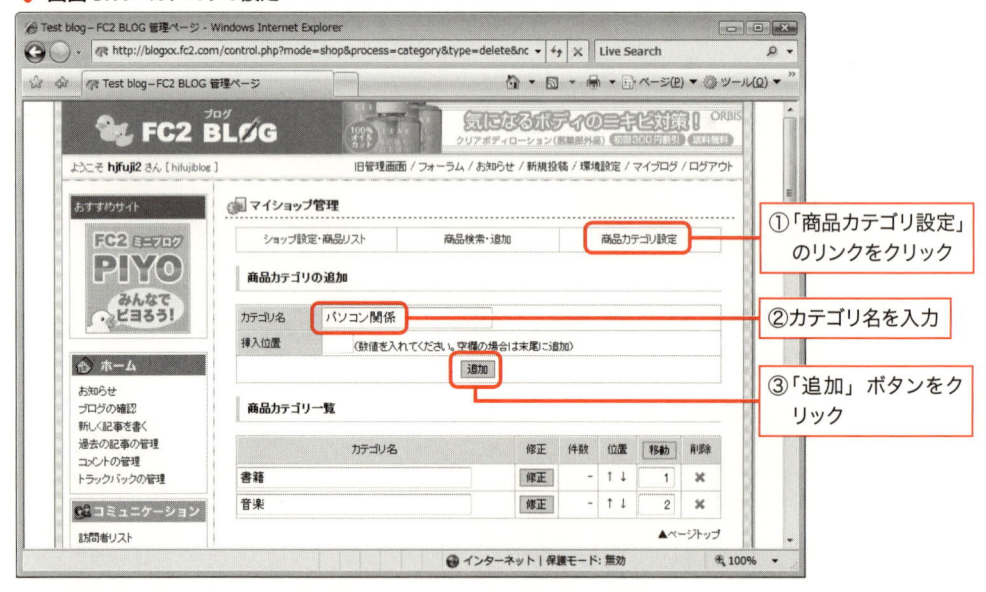

① 「商品カテゴリ設定」のリンクをクリック
② カテゴリ名を入力
③ 「追加」ボタンをクリック

● カテゴリの並べ替えと削除

カテゴリを作った後で、その順序を並べ替えることもできます。「商品カテゴリの一覧」の部分で、並べ替えたいカテゴリの行の「↓」や「↑」のリンクをクリックすると、そのカテゴリの順番を上下のカテゴリと入れ替えることができます。

また、「×」のリンクをクリックすると、カテゴリを削除することもできます。

商品の検索と登録

マイショップ機能では、Amazonの商品を検索して、情報を登録しておくことができるようになっています。

● 商品を検索する

検索を行うには、マイショップ管理のページで、ページ上端の方にある「商品検索・追加」のリンクをクリックします。すると、商品の検索を行うページが表示されます。検索のキーワード（商品名や作者名など）を入力し、その右の欄で商品の分類を選んで、「検索」ボタンをクリックします（画面5.12）。

▼ **画面5.12** キーワードを入力して商品を検索する

● 商品を登録する

商品が見つかると、それらが一覧表示されます（画面5.13）。各商品の「アクション」の列に「マイショップに登録」のリンクがあり、それをクリックすると登録のページに移動します。

「イメージ」の箇所では、商品の画像の中で、記事に表示する際に使いたいものを選びます。また、「カテゴリ」の欄では、商品を登録するカテゴリを指定します（画面5.14）。

商品の登録が終わると、「ショップ設定・商品リスト」のページに戻り、登録した商品が一覧表示されます（画面5.15）。

第5章　ブログでお小遣いを貯める

▼ **画面 5.13**　見つかった商品が一覧表示される

▼ **画面 5.14**　商品をマイショップに登録する

▼ **画面 5.15** マイショップに登録した商品が一覧表示される

商品の紹介記事を書く

　マイショップに商品を登録したら、その商品の紹介記事を書くこともできます。

　まず、「ショップ設定・商品リスト」のページを開き（**画面 5.15**）、紹介記事を書きたい商品の行で、「紹介記事を書く」のリンクをクリックします。

　すると、商品の表示形式を選ぶステップになります（**画面 5.16**）。使いたい形式の行で、「この形式で投稿」のボタンをクリックします。これで、記事を入力するページが開き、商品の画像や名前等が入力された状態になります。

　画像を表示する形式にした場合、商品の説明は table タグで囲まれた形になります。この table タグの前か後ろに、商品に関する文章を追加します（**画面 5.17**）。

　一方、商品名だけを表示する形式にした場合、商品の説明は a タグになります。この a タグの前後に商品の文章を入力します。

　画面 5.18 は、実際に記事を書いて広告を表示してみた例です。

第 5 章　ブログでお小遣いを貯める

▼ 画面 5.16　商品の表示形式を選ぶ

▼ 画面 5.17　商品に関する文章を追加する（商品画像を表示する場合）

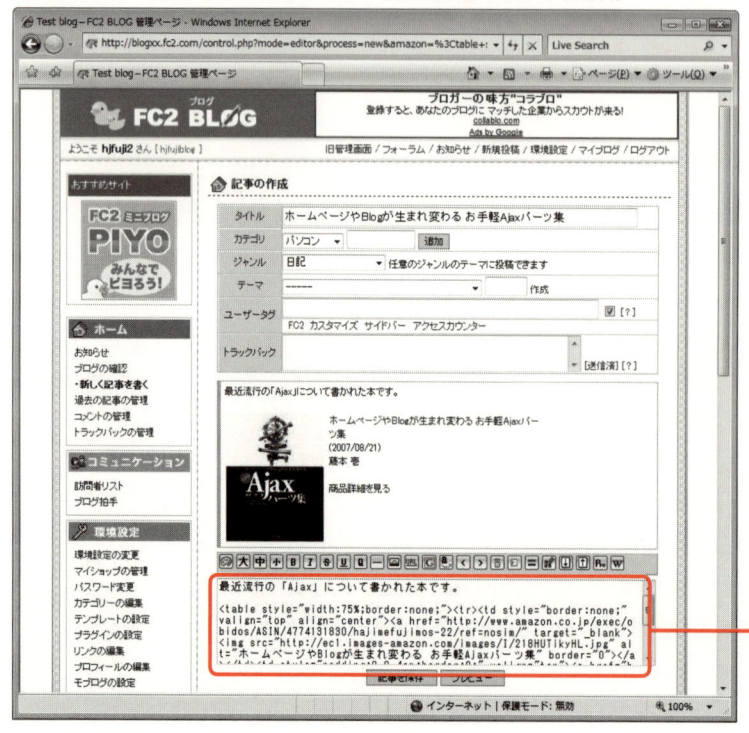

table タグの前か後ろに、商品に関連する文章を入力する

5-3 マイショップ機能で広告を掲載する

▼ **画面 5.18** 広告を入れた記事を表示した例

5-4 サイドバーにAmazonの広告を表示する

記事にAmazonの広告を掲載するだけでなく、サイドバーに広告を掲載することもできます。「特にお勧めしたい商品を常に表示したい」というような時に、この機能を使うと便利です。

サイドバー用のAmazon関係のプラグイン

FC2ブログには、Amazon関係のプラグインとして、標準で以下の3種類があります。

● Amazon商品一覧【新着順】

173ページで、Amazonの商品をマイショップに登録する方法を紹介しましたが、それらの商品の中から、最近登録したものを順に表示するプラグインです。カテゴリを複数に分けている場合でも、カテゴリに関係なく登録日時順に商品が表示されます。

● Amazon商品一覧【カテゴリ別】

マイショップに登録した商品のうち、特定のカテゴリに登録した商品だけを、最近登録したものから順に一覧表示します。

● Amazon人気商品

マイショップに自分が登録した商品ではなく、Amazonの中で人気になっている商品が自動的に表示されるプラグインです。

Amazon関係のプラグインを追加する

Amazon関係のプラグインは、簡単な設定でサイドバーに追加することができます。

● Amazon商品一覧【新着順】のプラグインの場合

プラグイン管理のページを開き、公式プラグインを追加する状態にします（99ページ参照）。すると、「お役立ちプラグイン」の中にAmazon関係のプラグインがあります（**画面5.19**）。ここで、「Amazon商品一覧【新着順】」の行の「追加」をクリックします。

これで、Amazon商品一覧【新着順】のプラグインが即座に追加されます。後は、必要に応じてプ

5-4 サイドバーにAmazonの広告を表示する

ラグインの表示順序を並べ替えます。また、プラグインのタイトルが「Amazon商品一覧【新着順】」になりますので、これも必要なら設定を変えておきます。

画面5.20は、Amazon商品一覧【新着順】プラグインをサイドバーの先頭に表示してみた例です。

▼ 画面5.19　Amazon関係のプラグイン

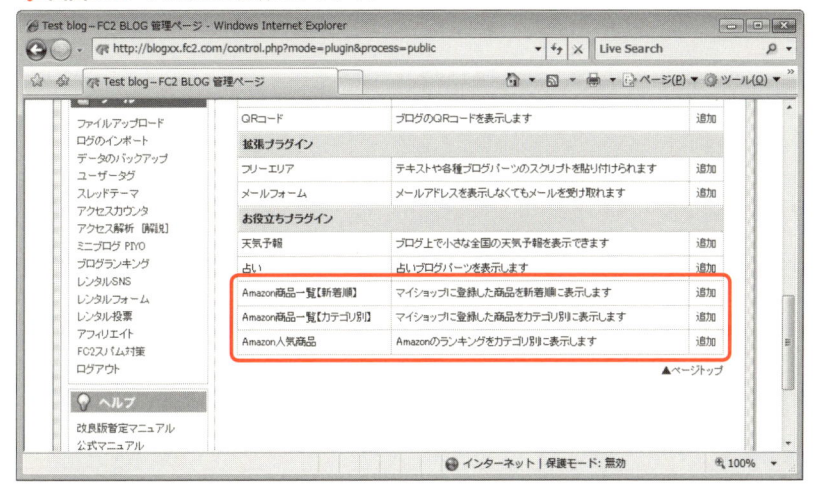

▼ 画面5.20　Amazon商品一覧【新着順プラグインをサイドバーの先頭に表示した

179

第 5 章　ブログでお小遣いを貯める

● Amazon 商品一覧【カテゴリ別】のプラグインの場合

　まず、新着順のプラグインと同じ手順で、お役立ちプラグインの中の「Amazon 商品一覧【カテゴリ別】」の行で、「追加」のボタンをクリックします。

　すると、プラグインの設定のページが開きます。「タイトル」の欄では、サイドバーに表示するタイトルを入力します。そして、「Amazon 商品リスト【カテゴリ別】の設定」の欄でカテゴリを選び、「追加」のボタンをクリックします。

　172 ページで少し述べましたが、「おすすめ」のカテゴリを作って特におすすめの商品を登録しておき、このプラグインを使って「おすすめ」カテゴリの商品の一覧を表示するようにすれば良いでしょう。

▼ **画面 5.21**　Amazon 商品一覧【カテゴリ別プラグインの設定

● Amazon 人気商品のプラグインの場合

　Amazon 人気商品も、Amazon 商品一覧【カテゴリ別】プラグインと同様の手順でサイドバーに追加することができます。

　お役立ちプラグインの中の「Amazon 人気商品」の行で、「追加」のボタンをクリックします。すると、設定のページが開きますので、「タイトル」の欄にタイトルを入力し、「表示するカテゴリ」

5-4 サイドバーに Amazon の広告を表示する

の欄でカテゴリを選びます。

表示する商品の数を設定する

　初期状態では、Amazon関係のプラグインでは商品が最大5つまで表示されるようになっています。この数を変えることもできます。

　まず、管理者ページ左端のメニューで、「環境設定」の中の「環境設定の変更」をクリックし、これで環境設定のページを開きます。そして、そのページ右上の方にある「ブログの設定」をクリックします（画面5.22）。

　これで「ブログの設定」のページが開きますので、ページを下にスクロールして、「拡張表示設定」のところにある「各種Amazonリスト」の欄で商品の数を指定します（画面5.23）。

▼ 画面5.22　環境設定のページを開いて「ブログの設定」をクリックする

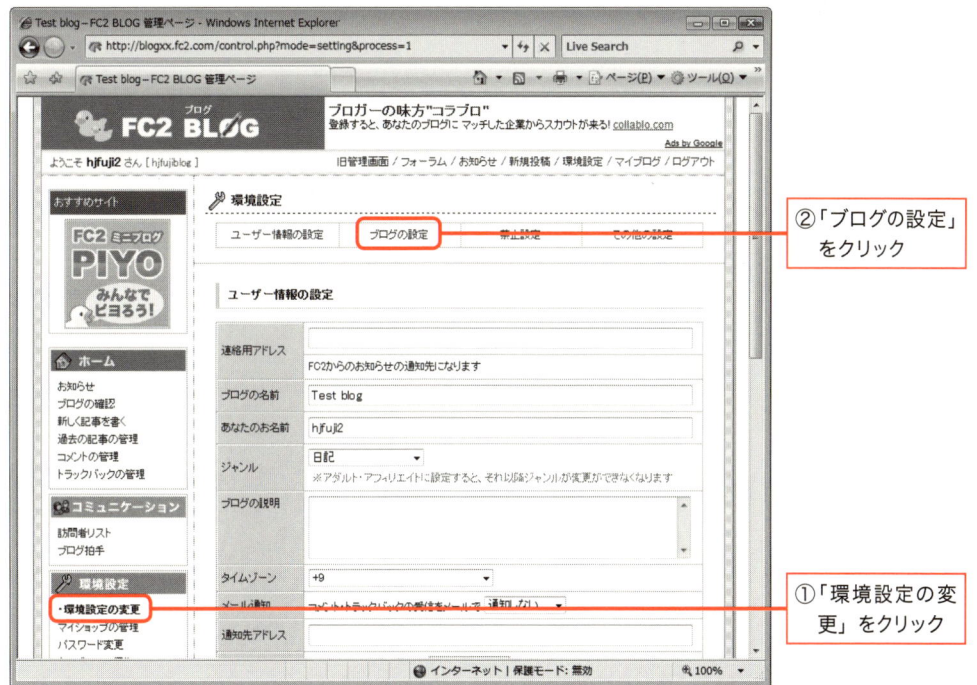

①「環境設定の変更」をクリック
②「ブログの設定」をクリック

第 5 章　ブログでお小遣いを貯める

▼ **画面 5.23**　「各種 Amazon リスト」の欄で商品の数を指定する

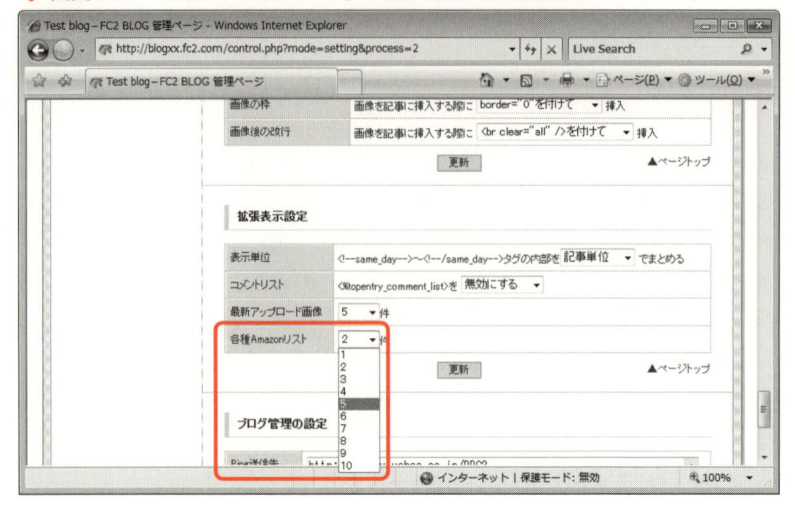

5-5 TrendMatchに登録する

　Amazonの広告は成果報酬型ですので、それを通して商品が売れたときだけ収入になります。一方、162ページで解説したように、クリック保証型の広告もあります。ここではクリック保証型の広告の例として、「TrendMatch」というものを紹介します。この節では、TrendMatchに登録する手順を解説します。

TrendMatchの概要

　TrendMatchは、(株)RSS広告社が運営しているアフィリエイトで、ブログに適したクリック保証型広告システムです。

　ブログのRSSから記事の内容を判断して、記事に沿った広告を表示するようになっています。そのため、やみくもに広告を貼るのに比べれば、クリックされやすくなっています。

　また、ブログの各ページに広告を入れられるだけでなく、ブログのRSSに広告を入れられるという特徴があります（Xページの方法でダウンロードできるPDFファイルを参照）。最近では、RSSリーダーを使ってブログを読んでいる人も結構いますので、RSSに広告を入れられるのは大きなメリットです。

ユーザー登録を始める

　TrendMatchの広告をブログに入れるには、まずTrendMatchにユーザー登録することが必要です。その手順は以下のようになります。

　まず、TrendMatchのトップページに接続します（https://www.rssad.jp/mp/login.do）。すると、ページの左上に「アカウント申請」と表示されている部分がありますので、そこをクリックします（**画面5.24**）。

　次のページでは、「Saaf ID」というIDを持っているかどうかを選ぶ段階になります。ここでは「SaafIDを取得」をクリックします（**画面5.25**）。

第 5 章　ブログでお小遣いを貯める

▼ 画面 5.24　「アカウント申請」をクリックする

▼ 画面 5.25　「SaafID を取得」をクリックする

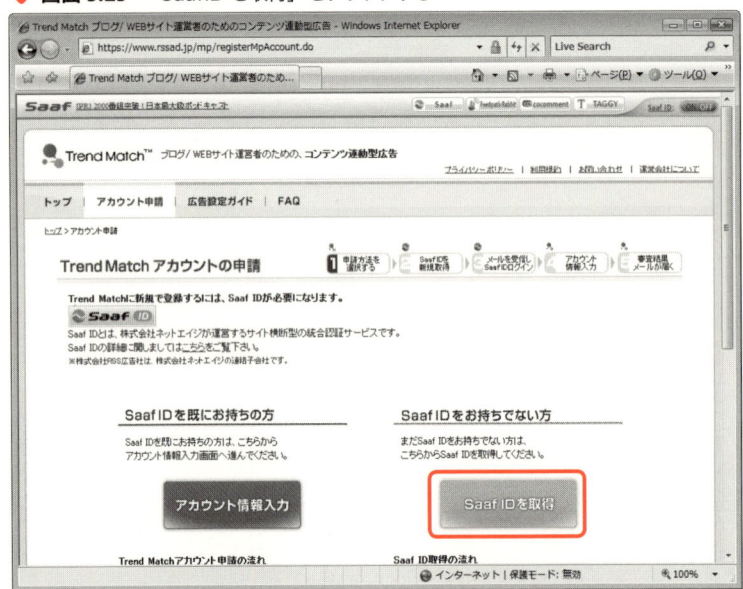

SaafID の登録

　次のステップでは、SaafID を登録します。**画面 5.26** のような画面が表示されますので、以下の各欄を入力します。

①「メールアドレス」

自分のメールアドレスを入力します。このメールアドレスが、そのまま SaafID になります。

②「パスワード」

自分でパスワードを決めて入力します。

③「登録確認用画像」

画像内に文字が表示されていますので、その文字を入力します。

　入力が終わったら、「利用規約に同意して次に進む」のボタンをクリックします。すると、「仮登録完了メールをご確認ください」のページに移動するとともに、自分宛にメールが送られてきます。

　そのメールを開くと、中に「レジストレーションコード」という部分があります。そのコードをコピーして、確認のページの「レジストレーションコードの入力」の欄に貼り付け、「確認」ボタンをクリックします（**画面 5.27**）。

▼ **画面 5.26**　SaafID に登録する

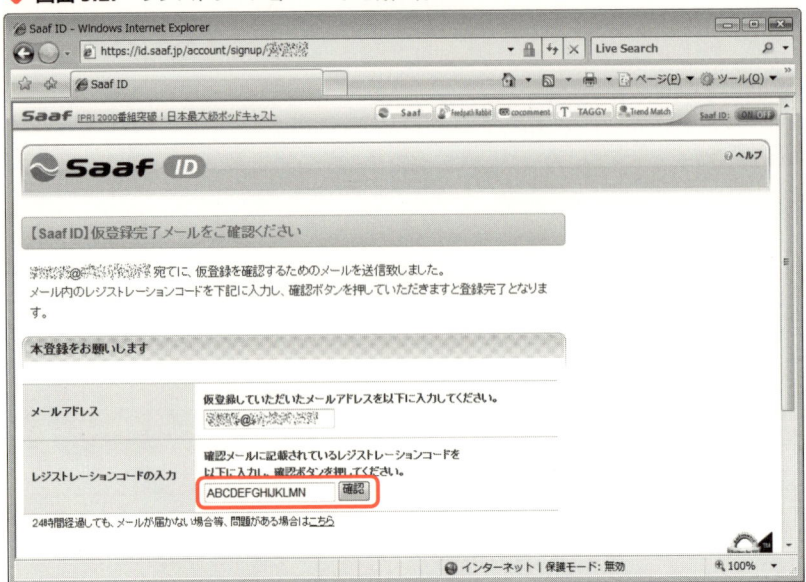

第 5 章　ブログでお小遣いを貯める

▼ 画面 5.27　レジストレーションコードを貼り付ける

TrendMatch の登録を行う

　次に、TrendMatch の登録を行う段階になります。**画面 5.28** のような画面が表示されますので、以下の各欄を入力します。

① 「メールアドレス」
　SaafID に登録したメールアドレスが入力されていますので、それをそのまま使います。
② 「名前」「ふりがな」「郵便番号」「住所」「電話番号」
　自分の名前等の情報を入力します。
③ 「サイト名」「サイト URL」
　自分の FC2 ブログの名前と、そのトップページのアドレスを入力します。
④ 「サイト概要」「1 か月のサイトの来客数」
　これらの欄は入力必須ではないので、空欄で構いません。

　情報の入力が終わったら、ページの最後にある「利用規約に同意して確認画面へ進む」のボタンをクリックします。そして、次のページで入力内容を確認して（**画面 5.29**）、「この内容で申請する」のボタンをクリックします。
　これで登録申請は完了です。その後、審査が行われて、1 週間ほどで結果が通知されます。なお、

5-5 TrendMatch に登録する

アクセス数が少ないなど、ブログの状況によっては審査が通らない場合もありえます。

▼ **画面 5.28** 登録情報を入力する

第 5 章　ブログでお小遣いを貯める

▼ **画面 5.29**　登録情報を確認する

ブログの RSS を登録する

審査に通ったら、まずブログの RSS を登録します。

● TrendMatch にログインする

　まず、TrendMatch にログインします。TrendMatch のトップページに接続し（184 ページの**画面 5.24**）、ページ左上の方にある「ログイン」のボタンをクリックします。

　すると、ログインのページが表示されますので、TrendMatch（SaafID）に登録したメールアドレスとパスワードを入力して、「ログイン」ボタンをクリックします（**画面 5.30**）。

5-5 TrendMatch に登録する

▼ **画面 5.30** TrendMatch にログインする

● RSS の登録

　ログインすると、管理画面が表示されます（画面 5.31）。ここで「メディア管理」をクリックすると、「登録 RSS 一覧」のページが表示されます。このページの「RSS の追加登録」をクリックします。

　すると、「RSS の追加登録」のページが表示されます。「RSS の名前」の欄には、何か適当な名前を入力します（例：自分の FC2 ブログ）。そして、「ブログの URL」の欄に自分の FC2 ブログのアドレスを入力し、「RSS の URL を取得」のボタンをクリックします。

　これで、RSS のアドレスが自動的に検索されて設定されますので、「確認する」ボタンをクリックします（画面 5.33）。そして、次に表示されるページで「この内容で登録する」ボタンをクリックします。

▼ **画面 5.31** 「メディア管理」をクリックする

189

第 5 章　ブログでお小遣いを貯める

▼ 画面 5.32　「RSS の追加登録」をクリックする

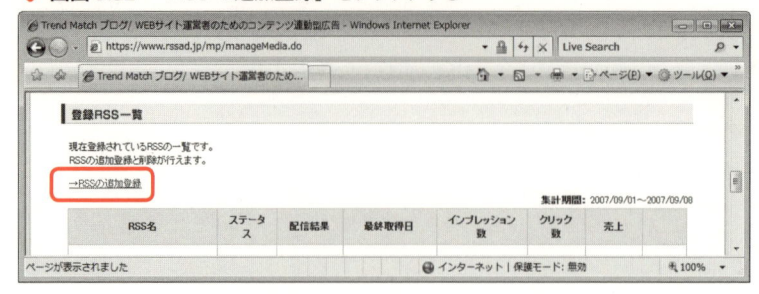

▼ 画面 5.33　ブログの RSS を登録する

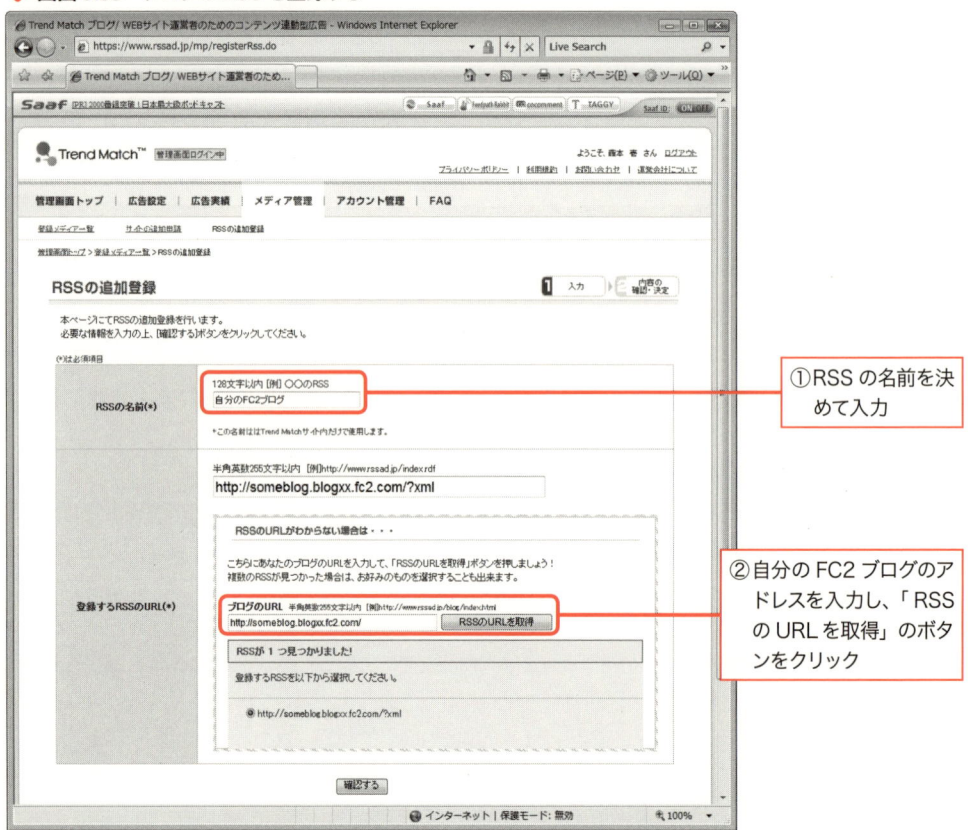

① RSS の名前を決めて入力

② 自分の FC2 ブログのアドレスを入力し、「RSS の URL を取得」のボタンをクリック

5-6 サイドバーに TrendMatch の広告を表示する

前の節までの設定ができれば、ブログに広告を表示することができます。ここでは、サイドバーに広告を表示する方法を解説します。

RSS を選択する

まず、TrendMatch にログインし、管理画面のトップページで、「広告設定」をクリックします（**画面 5.34**）。すると、広告の種類を選ぶ段階になりますので、「TrendMatch for Blog」のところの「広告を設定する」のボタンをクリックします（**画面 5.35**）。

次に、RSS を選ぶ段階になります。「RSS を選択してください」の欄の右端の「▼」をクリックして、188 ページで登録した RSS を選び、「この RSS に広告を設定する」のボタンをクリックします（**画面 5.36**）。

▼ **画面 5.34**　「広告設定」をクリックする

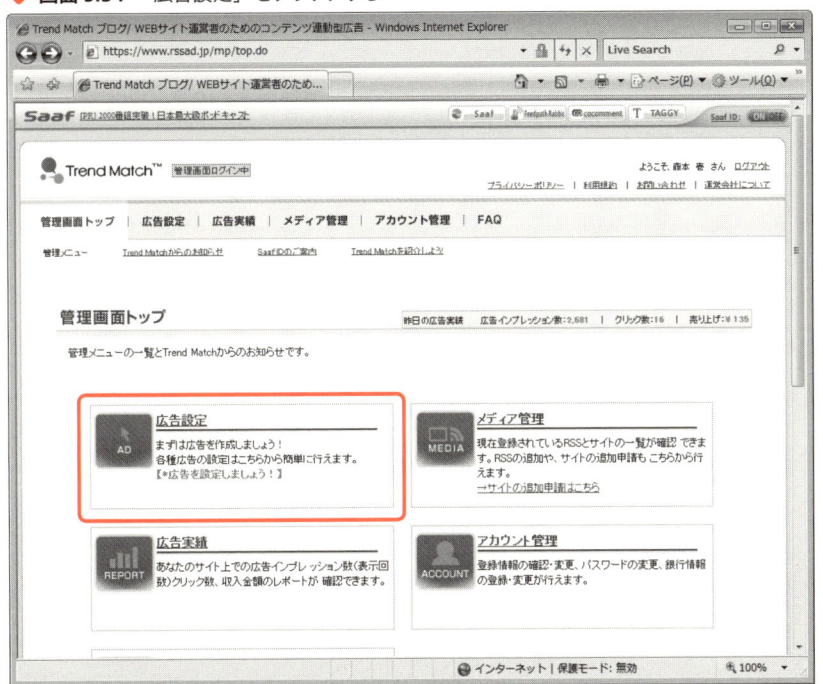

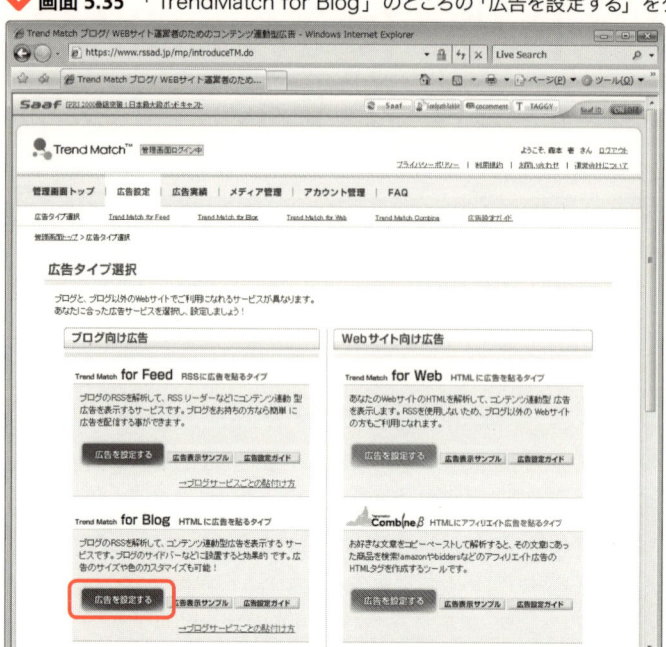

第 5 章　ブログでお小遣いを貯める

▼ **画面 5.35**　「TrendMatch for Blog」のところの「広告を設定する」をクリックする

▼ **画面 5.36**　RSS を選んで「この RSS に広告を設定する」のボタンをクリックする

広告のコードを作る

　次に、広告のコードを作る段階になります。以下の各箇所を設定して、広告のデザインを決めます（画面 5.37）。

5-6 サイドバーに TrendMatch の広告を表示する

①「広告数とレイアウト」

　表示する広告の件数と、レイアウトを決めます。サイドバーに表示する場合、広告は縦並びにします。

②「広告のサイズ」

　広告の縦横のサイズを指定します。サイドバーでは広告を縦長に表示しますので、縦を長くし（400～600 ピクセル程度）、横は細くします（150 ピクセル前後）。

③「広告の配色」

　ブログのデザインに合うように、広告の背景色などを選びます。色の見本が表示されていますが、使いたい色をクリックすると、その色の適用先を選ぶことができます。また、色を選ぶと、「広告のプレビュー」の箇所に例が表示されますので、それを見ながら色を調節します。

　広告の設定が終わったら、「この JavaScript を、広告を表示させたい場所に貼り付けましょう！」の欄に表示されているコードをコピーして、メモ帳等に貼り付けておきます。

▼ 画面 5.37　広告のコードを作る

①広告のデザインを決める

②広告のコードをコピーする

サイドバーに広告を貼り付ける

次に、FC2 ブログの管理者ページにログインし、フリーエリアプラグインを追加して、今作った広告のコードを貼り付けます。

フリーエリアプラグインを 1 つ追加して（手順は 112 ページ参照）、タイトルを「TrendMatch」等にします。そして、フリーエリアの内容として、先ほど作成したコードを貼り付けます（**画面 5.38**）。

これで、サイドバーに TrendMatch の広告が表示されるようになります。**画面 5.39** は、サイドバーの先頭に広告を表示した例です。

▼ **画面 5.38** フリーエリアプラグインを作成して広告のコードを貼り付ける

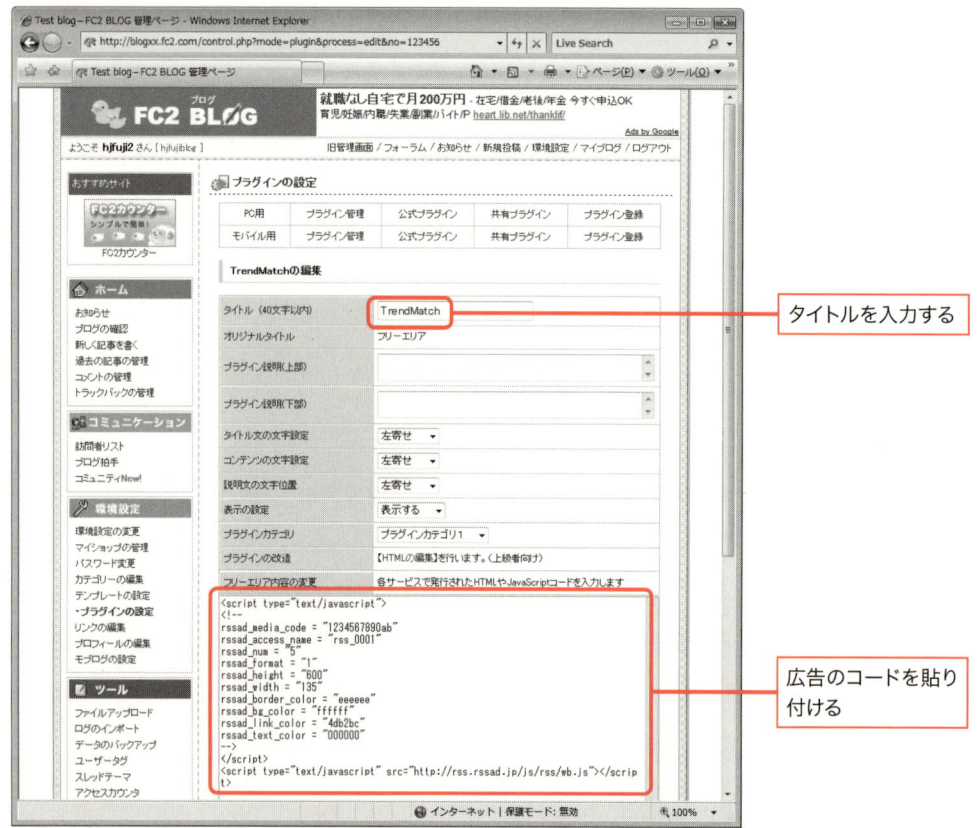

5-6 サイドバーに TrendMatch の広告を表示する

▼ **画面 5.39** サイドバーの先頭に広告を表示した

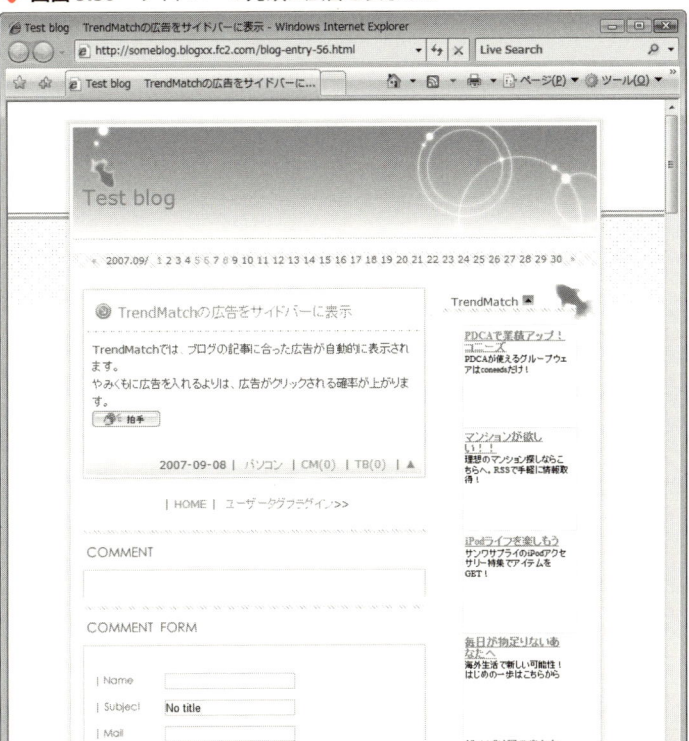

6

FC2ブログの管理と設定

本書の最後として、FC2ブログの管理や設定ついて紹介します。モバイル用のページを作る方法や、スパムへの対策、またブログの乗り換えといった事柄を取り上げます。

6-1 → モバイルでブログを見られるようにする

　FC2ブログでは、パソコン用のページだけでなく、モバイル（携帯電話等）用のページも作ることができます。1つのブログをパソコンでもモバイルでも読むことができますので、モバイルをよく使う方には便利です。

モバイル用のテンプレートを選ぶ

　パソコン用のページはテンプレートに基づいて出力されますが、モバイル用のページも同様の仕組みがとられ、モバイル用のテンプレートから出力されるようになっています。モバイル用のページを出力するには、モバイル用のテンプレートを選択することから始めます。

　FC2ブログの管理者ページにログインし、「環境設定」の中の「テンプレートの設定」をクリックして、テンプレート管理のページを開きます。ページ先頭の方に「テンプレート管理」の部分があり、「モバイル用」の行がありますが、その中の「公式テンプレート」や「共有テンプレート」をクリックして、使いたいテンプレートを選びます。

　テンプレートを選び終わったら、テンプレートの一覧のページ（画面6.1）に戻ります。すると、「モバイルテンプレート」のところに、今選んだテンプレートが表示されていますので、「適用」のリンクをクリックします（画面6.3）。

　モバイル用のトップページのアドレスは、パソコン用と同じになっています。テンプレートを適用したら、モバイルで一度アクセスしてみて、表示を確認するとよいでしょう。また、「ｉモードHTMLシミュレータ」等のツール（200ページのコラム参照）を使えば、パソコン上でモバイル用ページのイメージを見ることもできます（画面6.4）。

　この後は、パソコン用のテンプレートと同じような手順で、テンプレートをカスタマイズしたり、プラグインを追加したりすることができます。

　ただし、モバイルのHTMLはパソコンと違う点もあります。特に、パソコン用のブログパーツは、モバイルではまず表示することができません。

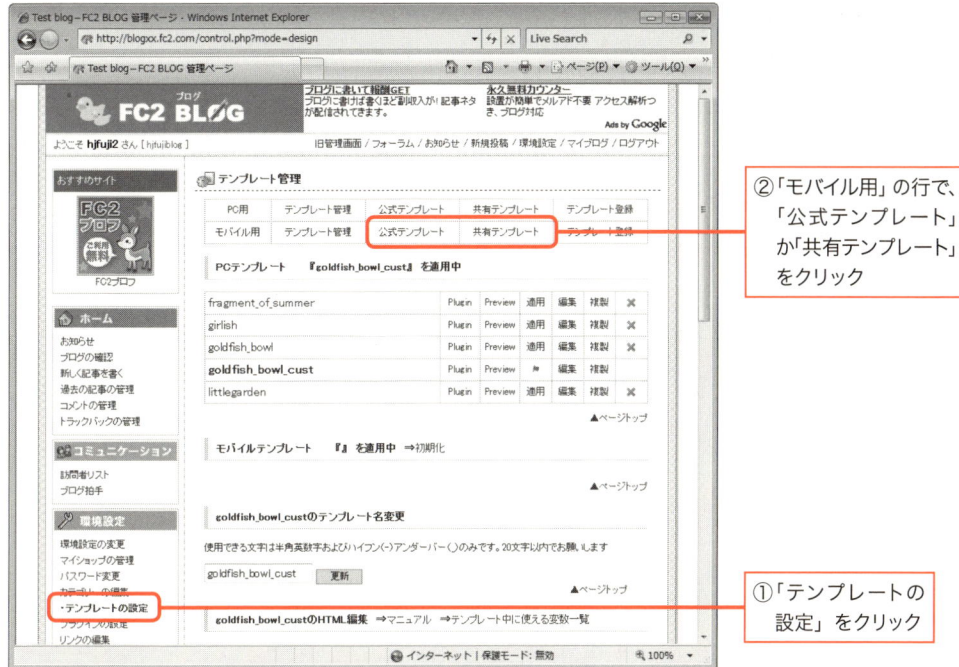

6-1 モバイルでブログを見られるようにする

▼画面 6.1　「モバイル用」行で「公式テンプレート」や「共有テンプレート」をクリックする

②「モバイル用」の行で、「公式テンプレート」か「共有テンプレート」をクリック

①「テンプレートの設定」をクリック

▼画面 6.2　モバイル用のテンプレートを選ぶ

199

第 6 章　FC2 ブログの管理と設定

▼ **画面 6.3**　「適用」のリンクをクリックする

▼ **画面 6.4**　i モード HTML シミュレータでモバイル用ページを表示した例

👆👆 モバイルのシミュレータについて

　携帯電話各社は、モバイル用ページの開発者向けに、ページをパソコン上で疑似的に表示するシミュレータを公開しています（**表 6.1**）。

　モバイル用のページをカスタマイズする場合、パケット定額にしていないと、携帯でアクセスするとかなりの料金がかかってしまいます。そのような場合は、モバイルのシミュレータを使うと良いでしょう。

6-1 モバイルでブログを見られるようにする

▼ 表 6.1　モバイルのシミュレータ

携帯電話会社	シミュレータ	ダウンロードページのアドレス
NTT ドコモ	i モード HTML シミュレータ II	http://www.nttdocomo.co.jp/service/imode/make/content/html/tool2.html
au（KDDI）	Openwave SDK6.2K	http://developer.openwave.com/ja/tools_and_sdk/openwave_mobile_sdk/SDK62K/index.html
ソフトバンクモバイル	ウェブコンテンツビューア	http://developers.softbankmobile.co.jp/dp/tool_dl/web/wcv.php

QR コードをサイドバーに表示する

モバイル用のページを作ったら、パソコン用のページに、モバイル用ページへアクセスするための QR コードを入れておく方が良いです（画面 6.5）。

QR コードはプラグインで追加できるようになっています。追加の手順は以下の通りです。

① 管理者ページにログインし、プラグインの設定のページを開いて、パソコン用の公式プラグインを追加する状態にします（99 ページ参照）。
② 基本プラグインの中に「QR コード」がありますので、その行の「追加」ボタンをクリックします（画面 6.6）。
③ QR コードの設定を行う状態になりますので、QR コードのサイズを選んだあと、ページ末尾の「追加」のボタンをクリックします（画面 6.7）。

▼ 画面 6.5　サイドバーに QR コードを表示したところ

第 6 章　FC2 ブログの管理と設定

▼**画面 6.6**　QR コードのプラグインを追加する

▼**画面 6.7**　QR コードのサイズを選ぶ

6-2 モバイルから記事や写真を投稿する

FC2ブログでは、パソコンだけでなく、モバイルから記事を投稿することもできるようになっています。また、写真を簡単に投稿する「モブログ」という機能もあります。

モバイル用の管理ページを使う

モバイル用の管理ページを使えば、新しい記事を投稿したり、既存の記事を編集したりなど、パソコン用の管理ページに近いことを行うことができます。

モバイル用の管理ページにログインする

モバイルのログインページのアドレスは、パソコン用のトップページのアドレスから決まります。パソコン用トップページのアドレスは、「http:// □□□.blog ○○○.fc2.com/」のようになりますが、モバイルのログインページのアドレスは、以下のようになります。

URL http://blog○○○.fc2.com/□□□/admin.php?m

このページに接続すると、IDとパスワードを入力する状態になりますので、FC2 ID（メールアドレス）とパスワードを入力します（**画面6.8**）。

▼ **画面6.8** モバイル用のログインページ

第6章　FC2 ブログの管理と設定

● 管理者ページから各種の操作を行う

　管理者ページにログインすると、「新しく記事を書く」などのメニューが表示されます（画面6.9）。各メニューから、記事を書いたり、コメントを管理したりといった操作を行うことができます。

▼ **画面 6.9**　モバイル用の管理者ページ

▼ **画面 6.10**　モバイル用の記事投稿のページ

モブログで写真を投稿する

　「モブログ」とは、モバイルで撮影した写真を、ブログに素早く投稿する機能のことです。写真をメールで送信して投稿することができます。

● モブログの設定

　まず、FC2 ブログの管理者ページにログインし、モブログの設定を行います。
　ページ左端のメニューで「環境設定」にある「モブログの設定」をクリックすると、設定のページが表示されます。「モブログ設定」の箇所で、以下の各項目を設定します（画面6.11）。設定が終わったら、「更新」ボタンをクリックします。

① 「携帯メールアドレス」
　ご自分の携帯電話等のメールアドレスを入力します。

② 「投稿先カテゴリ」
　写真の投稿先のカテゴリを指定します。

③ 「新着モブログ」
　投稿した写真が、FC2 ブログのトップページ（http://blog.fc2.com）の新着モブログの箇所に掲載されるかどうかを指定します。外部に公開するとまずいような写真を投稿することがある場合は、ここを「掲載しない」にしておくようにします。

④「画像投稿」

写真をサムネイルに変換して投稿する場合は、「サムネイル変換」を選びます。一方、写真をそのまま投稿する場合は、「そのまま投稿」を選びます。

⑤「画像表示」

写真のサムネイルを表示する場合は、「サムネイル表示」を選びます。一方、写真をそのまま表示する場合は、「そのまま表示」を選びます。

▼ **画面 6.11** モブログの設定

● モバイルから投稿する

モブログの設定が終わったら、携帯電話等のモバイルからメールで記事を投稿することができます。

モブログの設定のページ（**画面 6.11**）に、投稿用のメールアドレスが表示されていますので、モバイルからそのアドレスにメールを送信します。メールの題名が記事の題名になり、メールの本文が記事の本文になります。

画面 6.12 は、FC2 ブログのトップページを携帯電話で撮影して、モブログ機能で投稿してみた例です。このページのように、写真は本文の前に表示されます。

なお、メールを送信してから記事がブログに反映されるまでには、5 〜 10 分ほどかかります。

第 6 章　FC2 ブログの管理と設定

▼**画面 6.12**　モバイルから投稿した記事の例

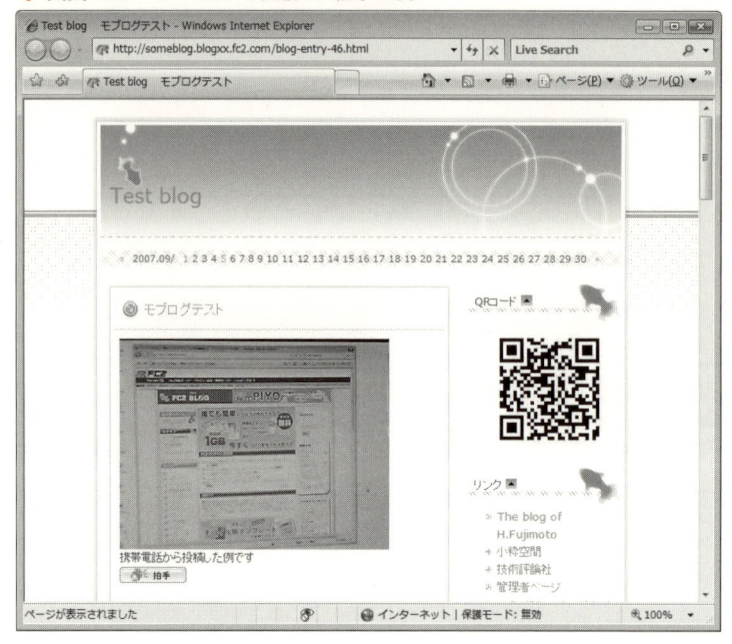

6-3 一般のホームページを作って掲載する

FC2ブログにはファイルをアップロードする機能がありますが、この機能を使えば、一般の（ブログでない）ホームページをつくって公開することもできます。詳しいプロフィールのページなどを作る際にこの機能を使うと良いでしょう。

ホームページの作成

まず、公開したいホームページを作ります。

IBMの「ホームページビルダー」等の市販のホームページ作成ソフトを使えば、ワープロで文章を書くような感覚で、ホームページを作ることができます（**画面6.13**）。

なお、ホームページの作成手順は、紙面の都合で本書では解説しません。ホームページ作成ソフト付属のマニュアルや、市販の解説書などを参照してください。

▼**画面6.13** ホームページビルダーでホームページを作っているところ

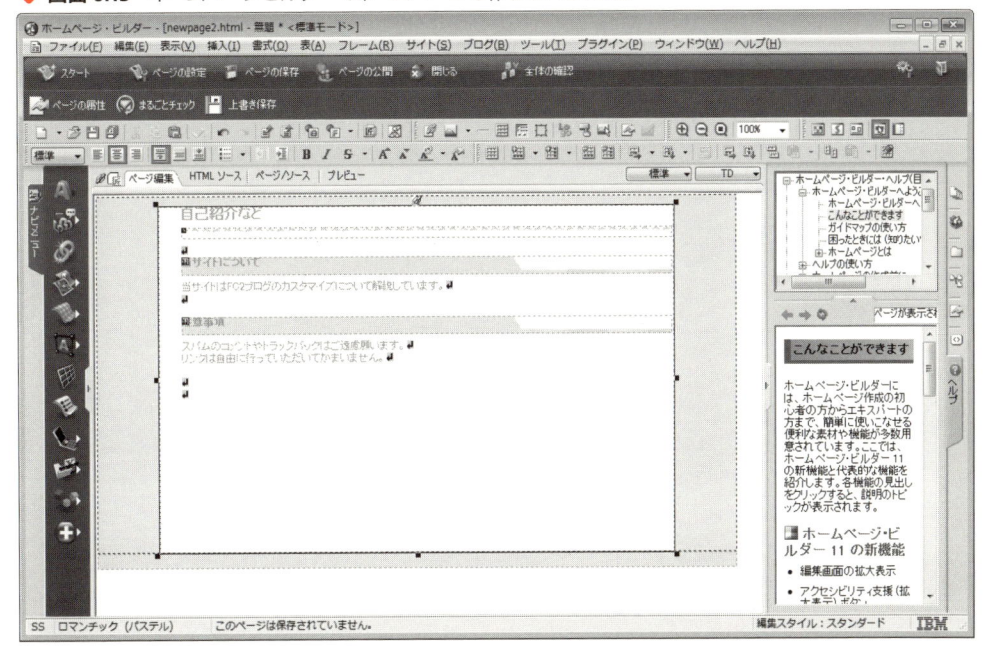

第 6 章　FC2 ブログの管理と設定

ホームページの HTML ファイルをアップロードする

　ホームページを作り終わったら、その HTML ファイルを FC2 ブログにアップロードします。アップロードの手順はこれまでと同じで、管理者ページの「ファイルのアップロード」の機能を使います（画面 6.14）。

　アップロードが終わったら、ページの表示を確認し、またアドレスも調べておきましょう。「ファイルのアップロード」のページにファイル一覧が表示されますが、アップロードした HTML ファイルもその中に表示されますので、そのファイルの「表示」のリンクをクリックします。

　これで、別ウィンドウが開いて、アップロードしたホームページが表示されます。また、そのウィンドウのアドレス欄に、ホームページのアドレスも表示されます（画面 6.15）。

▼ **画面 6.14**　ホームページの HTML ファイルをアップロードする

208

▼ **画面 6.15**　ホームページの表示とアドレスを確認する

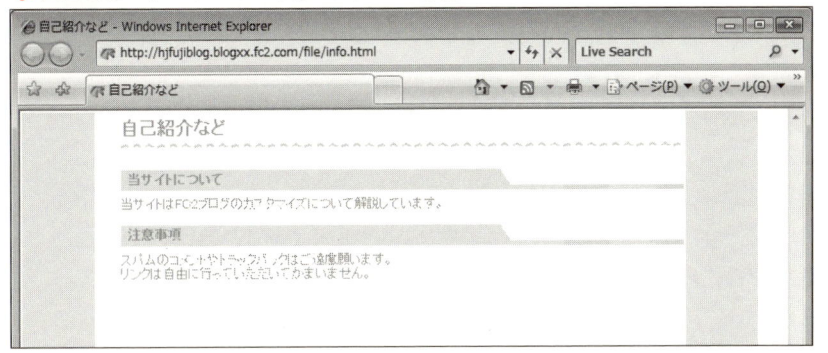

画像を含むホームページをアップロードする場合

　ホームページの中に写真等の画像を入れることもよくありますが、自分で撮影した画像をアップロードして、その画像にホームページからリンクするようにする場合は注意が必要です。

　FC2ブログのファイルアップロードの機能では、ファイルをフォルダに分けて管理することができません。そのため、アップロードしたHTMLファイルと画像のファイルは、同じフォルダに保存されることになります。

　この場合、HTMLから画像ファイルへリンクを張る際に、フォルダの情報を含まないような形にする必要があります。

　画像はimgタグで表され、画像のアドレスはsrc属性で表されますが、src属性にファイルの名前だけを入れれば、HTMLファイルと同じフォルダの画像を指すことになります。例えば、「myphoto.jpg」という画像をアップロードして、HTMLにその画像を表示したい場合は、imgタグを以下のような形にします。

```
<img src="myphoto.jpg" width="幅" height="高さ" alt="画像の説明" />
```

　また、画像とサムネイルの両方をアップロードして、サムネイルをクリックしたときに元の画像が表示されるようにする場合も、サムネイルや元の画像のアドレスにフォルダの情報を入れないようにします。

　例えば、「myphoto-thumb.jpg」をクリックしたときに、「myphoto-jpg」が表示されるようにしたい場合は、以下のようにタグを組みます。

```
<a href="myphoto.jpg"><img src="myphoto-thumb.jpg" width="幅" height="高さ" alt="画像の説明" /></a>
```

第 6 章　FC2 ブログの管理と設定

6-4 特定の人にだけブログを公開する

　FC2 ブログでは、ブログ全体の設定を細かく行うことができるようになっています。ここから後のいくつかの節では、環境設定の中で特に重要なものをいくつか取り上げて紹介します。まず、特定の人にだけブログを公開する方法を解説します。

環境設定のページを開く

　FC2 ブログの設定を行うには、管理者ページにログインした後、ページ左端のメニューで「環境設定」の中の「環境設定の変更」のリンクをクリックします。

　これで環境設定のページが開きます。ページ上端の方に「ユーザー情報の設定」や「ブログの設定」などの項目がありますが、これらをクリックすると、個々の設定のページに移動することができます（画面 6.16）。

▼ 画面 6.16　環境設定のページを開く

特定の人にだけブログを公開する

「仲間内の情報交換等のためにブログを使いたい」というような場合、そのブログに誰でもアクセスできてしまうと、問題になる恐れがあります。そこで、ブログへのアクセスをパスワードで制限することができるようになっています。これを「プライベートモード」と呼びます。

まず、環境設定のページに接続し、ページ先頭の部分で「ブログの設定」のリンクをクリックします（画面 6.16）。これで、ブログの設定のページが開きますので、それを下にスクロールして、「アクセス制限の設定」の部分で以下の各項目を設定し（画面 6.17）、「更新」のボタンをクリックします。

① 「公開設定」
　プライベートモードに設定するには、この欄を「プライベート」に設定します。
② 「閲覧パスワード」
　プライベートモードのブログでは、接続する際にパスワードを入力してログインすることが必要になります（画面 6.18）。そのパスワードを自分で決めて、この欄に入力します。
③ 「メッセージ」
　ここでメッセージを指定すると、それがログインのページに表示されます。

▼ **画面 6.17**　プライベートモードにするための設定

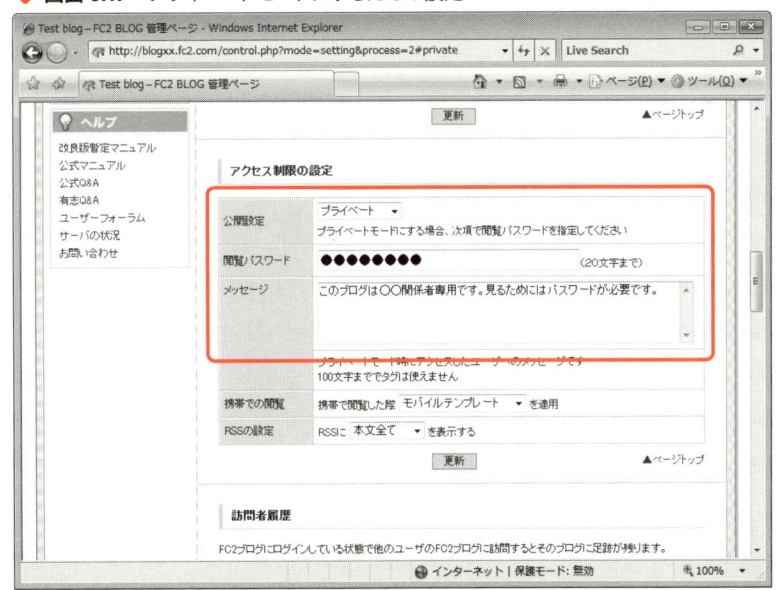

211

第 6 章　FC2 ブログの管理と設定

▼**画面 6.18**　プライベートモードのブログに接続したときのメッセージ

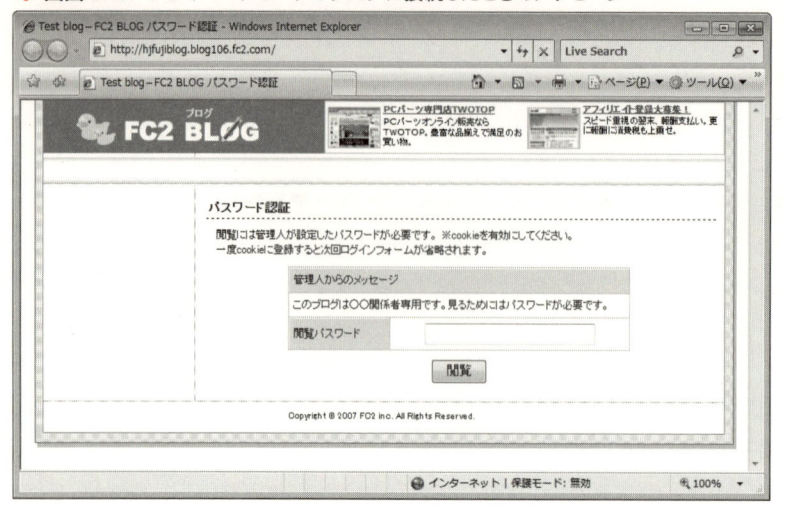

6-5 コメントスパムへの対策

ブログの流行に伴って、コメントに変な宣伝等を投稿する輩も増えています。こういったコメントを「コメントスパム」と呼びますが、この節ではコメントスパムを防ぐ方法を紹介します。

コメントを承認制にする

通常の設定では、読者からのコメントは、投稿後にすぐに公開されます。しかし、すぐに公開せずに、コメントの内容を自分で確認してから、公開するかどうかを決められるようにすることができます。これが「承認制」です。

承認制にすれば、スパムコメントは公開しないで削除することができ、記事のページのコメント一覧部分にスパムコメントさらすことを防ぐことができます。あなたのブログの、本来の読者にとってはやや不便になりますが、スパムコメントがひどいようであれば、コメントを承認制にすることを了解していただくしかないでしょう。

● 承認制の設定

コメントを承認制にするには、まず環境設定のページに接続し、ページ先頭の部分で「ブログの設定」のリンクをクリックして、ブログの設定のページを開きます。そして、そのページを下にスクロールし、「コメントの設定」の部分を以下のように設定して（**画面6.19**）、「更新」ボタンをクリックします。

①「承認設定」
　画面6.19の「承認設定」の欄を「承認後表示」に変えると、コメントを承認制にすることができます。

②「承認中メッセージ」
　記事のページで、未承認のコメントを「このコメントは管理者の承認待ちです」というように表示することができます（**画面6.20**）。それには、**画面6.19**の「承認中メッセージ」の欄で「『このコメントは管理者の承認待ちです』と表示」を選びます。

　なお、この設定を「何も表示しない」にすると、未承認のコメントは、記事のページのコメント一覧部分に表示されません。そのことを知らない人がコメントを投稿すると、「コメントを投稿したのに表示されていない」と思われて、同じコメントを何度も投稿されることがあります。

213

第 6 章　FC2 ブログの管理と設定

▼**画面 6.19**　コメントの制限に関する設定

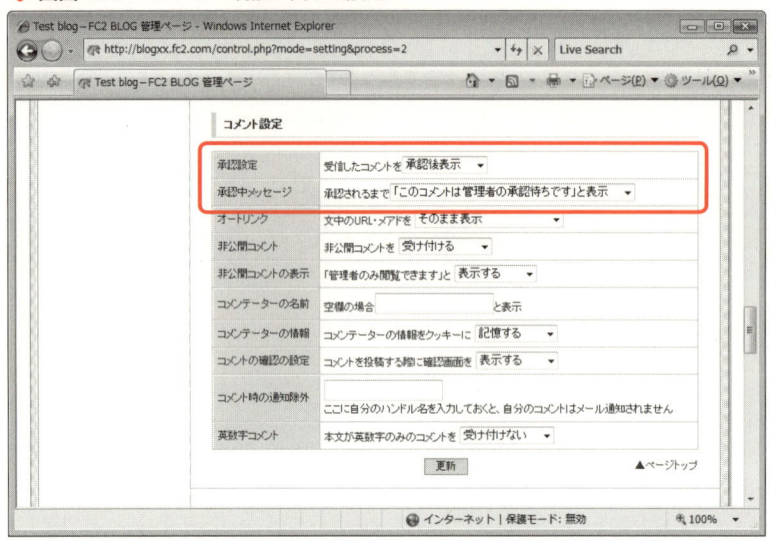

▼**画面 6.20**　未承認のコメントを「このコメントは管理者の承認待ちです」と表示するように設定した例

● 投稿されたコメントを承認する

コメントを承認制にすると、自分でコメントを承認した時点で、記事のページのコメント一覧部分にそのコメントが表示されるようになります。

コメントを承認するには、管理者ページにログインし、画面左端のメニューで「ホーム」にある「コメントの管理」をクリックして、これまでに投稿されたコメントを一覧表示します。

すると、まだ承認されていないコメントは、「承認」の列にチェックマークが表示されます（**画面6.21**）。そのコメントの「タイトル／詳細」の列で、コメントのタイトルをクリックすると、ページが切り替わって、そのコメントの内容が表示されます（**画面6.22**）。

コメントを承認するのであれば、「承認」のところのチェックマークをクリックします。すると、承認して良いかどうかを確認するメッセージが表示されますので（**画面6.23**）、「OK」ボタンをクリックします。

なお、承認しないコメントは、削除しておくと良いでしょう。**画面6.22**で「削除」の「×」をクリックすると、削除するかどうかを確認するメッセージが表示されますので、「OK」ボタンをクリックします。

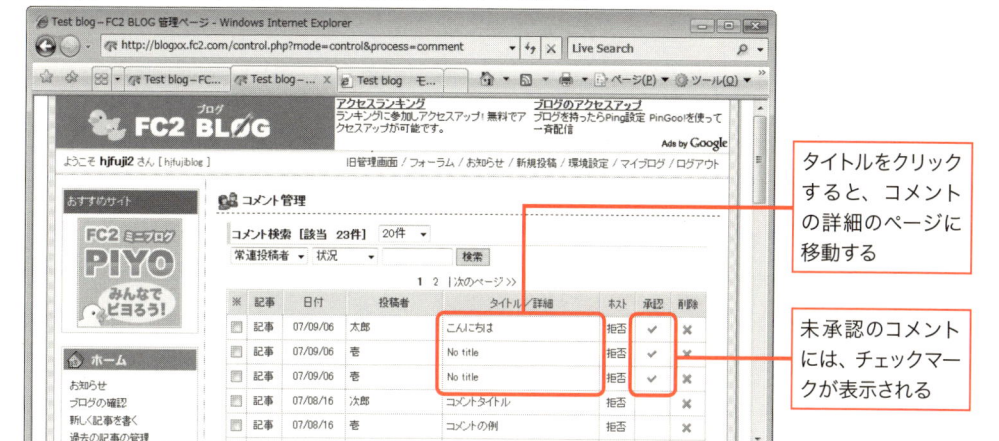

▼ **画面6.21** コメント一覧のページで未承認のコメントを調べる

▼ **画面 6.22** コメントの内容をチェックして承認する

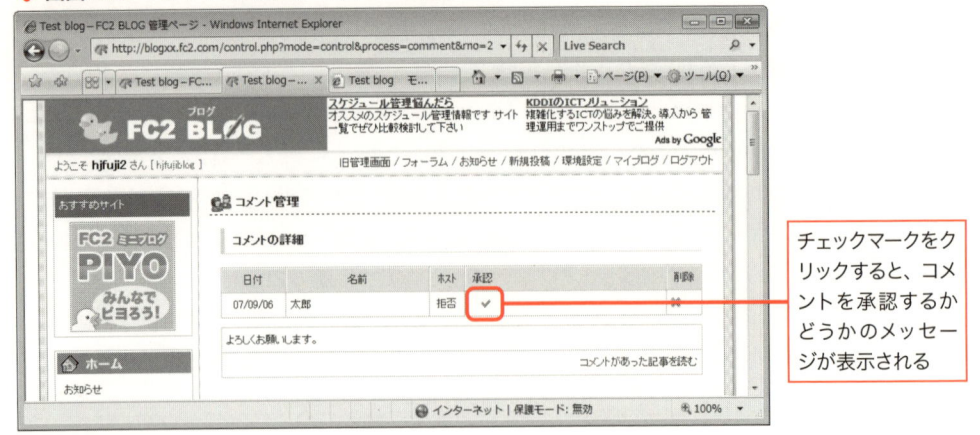

チェックマークをクリックすると、コメントを承認するかどうかのメッセージが表示される

▼ **画面 6.23** コメントを承認して良いかどうかを確認する

英数字だけのコメントを受け付けない

　本書執筆時点では、大半のコメントスパムは海外から投稿されています。そこで、英数字（アルファベットと数字）だけのコメントを受け付けないようにすれば、コメントスパムをかなり防ぐことができます。

　それには、まず環境設定のページに接続し、ページ先頭の部分で「ブログの設定」のリンクをクリックして、ブログの設定のページを開きます。そして、そのページを下にスクロールし、「コメントの設定」の部分にある「英数字コメント」のところを「受け付けない」に設定して、「更新」ボタンをクリックします（画面 6.24）。

　この設定にすると、英数字だけのコメントを投稿しようとしても、投稿確認の際に「※本文が半角文字のみの場合は書き込めません」というメッセージが表示され、投稿することができないようになります（画面 6.25）。

　なお、この設定では、コメントの内容に関係なく、英数字のみのコメントは投稿できなくなります。海外の方とコメントで交流があるブログの場合、英数字だけのコメントを禁止してしまうと、海外の方がコメントできなくなってしまいますので、この設定は行わないようにする必要があります。

6-5 コメントスパムへの対策

▼**画面 6.24**　英数字だけのコメントを受け付けないようにする

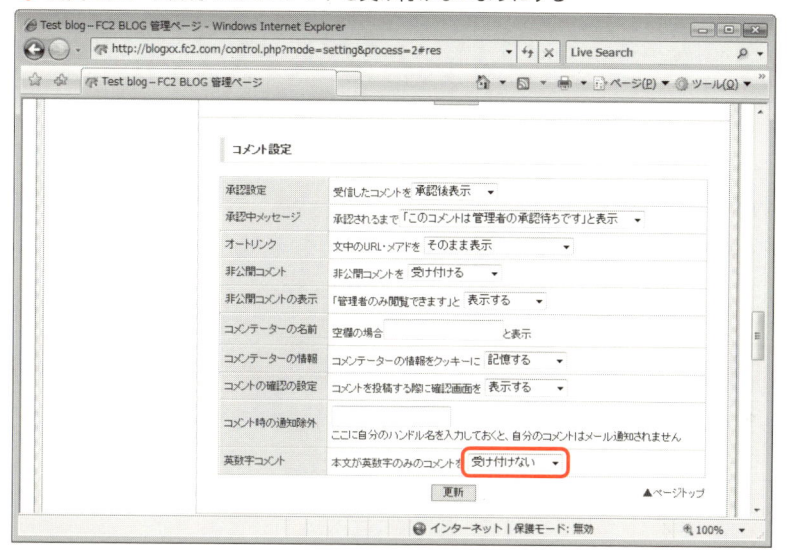

▼**画面 6.25**　英数字だけのコメントを投稿しようとした時のメッセージ

6-6 トラックバックスパムを防ぐ

コメントスパムだけでなく、トラックバックを利用したスパムも多くなっています。そこでこの節では、トラックバックスパムを防ぐ方法を紹介します。

トラックバックを承認制にする

コメントと同様に、トラックバックも承認制にすることができます。承認制にすれば、トラックバックスパムは承認せずに削除することができます。

● 承認制にする

トラックバックを承認制にするには、まず環境設定のページに接続し、ページ先頭の部分で「ブログの設定」のリンクをクリックして、ブログの設定のページを開きます。そして、そのページを下にスクロールし、「トラックバックの設定」の部分を以下のように設定して（画面6.26）、「更新」ボタンをクリックします。

① 「承認設定」
　画面6.26 の「承認設定」の欄を「承認後表示」に変えると、トラックバックを承認制にすることができます。
② 「承認中メッセージ」
　記事のページで、未承認のトラックバックを「このトラックバックは管理者の承認待ちです」というように表示することができます（画面6.27）。それには、画面6.26 の「承認中メッセージ」の欄で「『管理人の承認後に表示されます』と表示」を選びます。

6-6 トラックバックスパムを防ぐ

▼ **画面 6.26** トラックバックを承認制にする設定

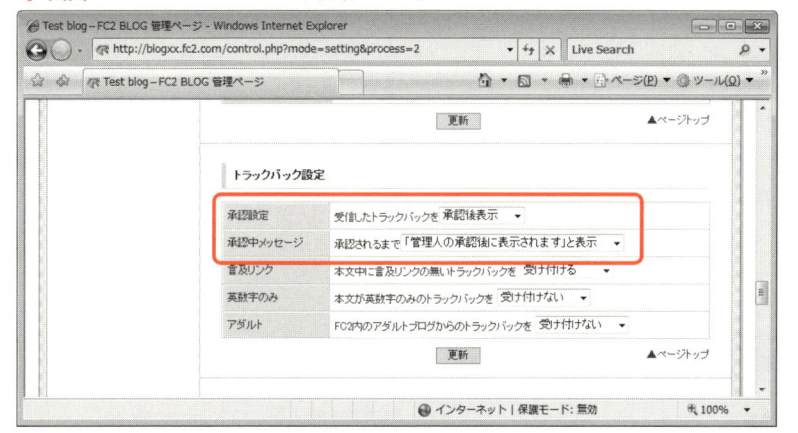

▼ **画面 6.27** トラックバック一覧で、未承認のトラックバックにはそのことが表示される

● **トラックバックを承認する**

　トラックバックを承認制にした場合、トラックバックを受信した時点では未承認の状態になっています。そのトラックバックの内容を確認して、承認するかどうかを指定します。

　管理者ページにログインし、ページ左端のメニューで「ホーム」にある「トラックバックの管理」

219

第6章　FC2ブログの管理と設定

をクリックします。すると、これまで受信したトラックバックが一覧表示され、未承認のトラックバックにはチェックマークがつきます（画面6.28）。

　ここで、未承認のトラックバックのタイトルをクリックすると、トラックバックの内容が表示されます（画面6.29）。承認して良ければ、「承認」のチェックマークをクリックします。すると、承認して良いかどうかを確認するメッセージが表示されますので、「OK」ボタンをクリックします。

▼画面6.28　未承認のトラックバックを表示したところ

②トラックバック一覧が表示され、未承認のトラックバックにはチェックがつく

①「トラックバックの管理」をクリック

▼画面6.29　トラックバックを承認する場合は、チェックマークをクリックする

英数字だけのトラックバックを受け付けない

コメントスパムと同様に、トラックバックスパムも海外から送信されることが多いです。そこで、英数字だけのトラックバックを受け付けないようにすれば、トラックバックスパムをかなり減らすことができます。

それには、まず環境設定のページに接続し、ページ先頭の部分で「ブログの設定」のリンクをクリックして、ブログの設定のページを開きます。そして、そのページを下にスクロールし、「トラックバックの設定」の中の「英数字のみ」の部分で「受け付けない」を選んで（**画面6.30**）、「更新」ボタンをクリックします。

▼**画面6.30** 英数字だけのトラックバックを受け付けない

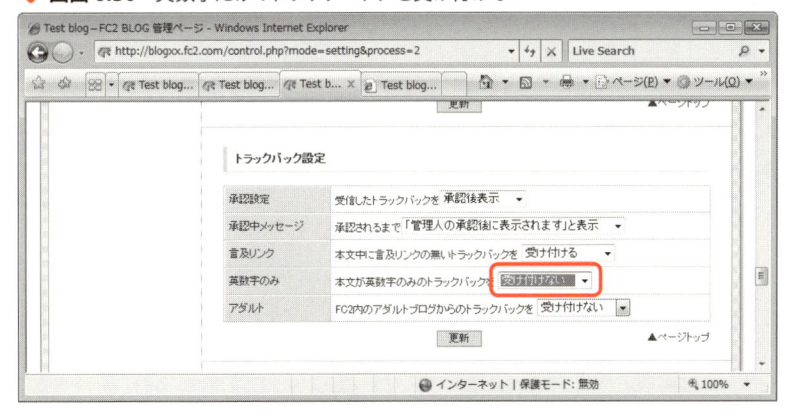

自分のページにリンクしていないトラックバックを受けつけない

トラックバックの本来の目的は、他の人のブログに対して、「あなたのブログの記事に対して、私のブログではこのような記事を書きました」ということを伝えることです。

また、トラックバック元の自分の記事には、トラックバック先の相手記事へのリンク（a要素）も入れることも一般的です（**図6.1**）。このようなリンクのことを、「言及リンク」と呼びます。

ところが、トラックバックスパムは単なる広告で、自分のブログの記事について何も書かれていないことが一般的です。そのため、自分の記事に対する言及リンクも入っていないことが多いです。

したがって、言及リンクが入っていないトラックバックを受け付けないようにすることで、トラックバックスパムをかなり防ぐことができます。

それには、まず環境設定のページに接続し、ページ先頭の部分で「ブログの設定」のリンクをクリックして、ブログの設定のページを開きます。そして、そのページを下にスクロールし、「トラックバッ

第 6 章　FC2 ブログの管理と設定

クの設定」の中の「言及リンク」の部分で「受け付けない」を選んで（**画面 6.31**）、「更新」ボタンをクリックします。

▼ **図 6.1**　相手にトラックバックを送るとともに、その記事に相手の記事へのリンクも入れておく

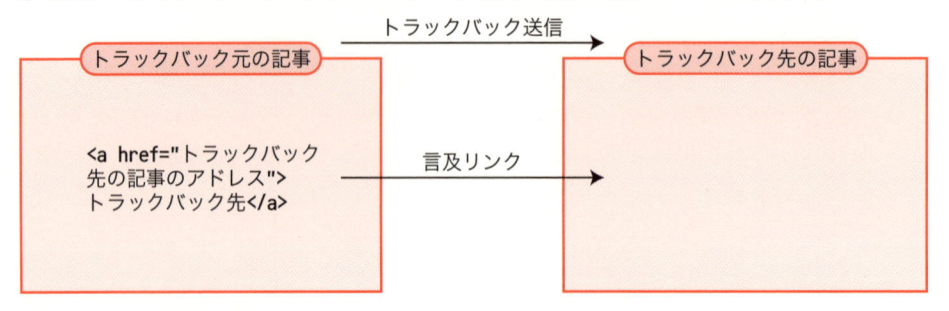

▼ **画面 6.31**　言及リンクのないトラックバックを受け付けないようにする

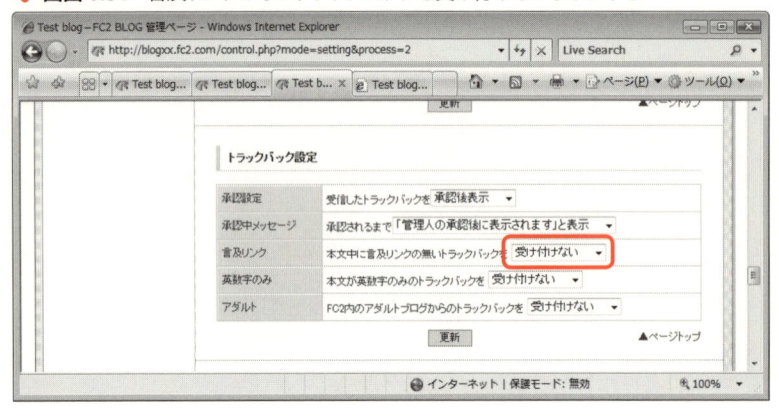

6-7 禁止ワードと禁止IPアドレスを設定する

コメントスパムやトラックバックスパムを防ぐ方法として、「禁止ワード」および「禁止IPアドレス」を設定する方法もあります。

禁止ワードの設定

コメントやトラックバックの中に、特定の言葉が含まれていた時に、そのコメント等を受け付けないようにすることができます。この言葉を「禁止ワード」と呼びます。

禁止ワードを設定するには、まず環境設定のページを開き（210ページ参照）、ページ上端の「禁止設定」をクリックします。すると、「禁止ワード」を入力する欄がありますので、禁止したい言葉を1行に1つずつ入力して、「更新」ボタンをクリックします。

例えば、「adult」か「casino」を含むコメントやトラックバックを禁止したい場合、**画面6.32**のように入力します。

▼ **画面6.32** 禁止ワードの設定

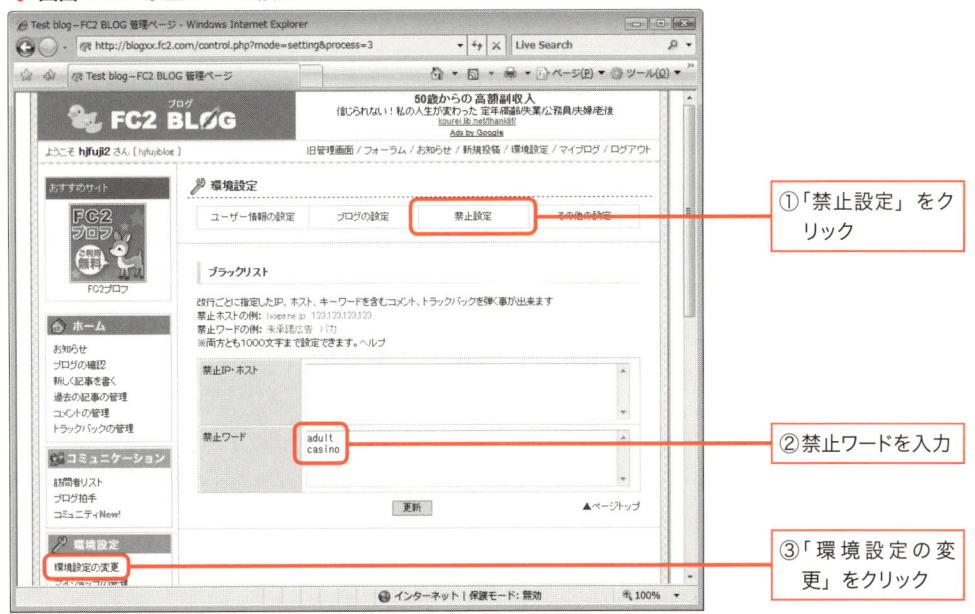

① 「禁止設定」をクリック
② 禁止ワードを入力
③ 「環境設定の変更」をクリック

禁止 IP アドレスの設定

インターネットに接続されているコンピュータには、「IP アドレス」という番号が割り当てられています。コンピュータどうしで通信する際には、IP アドレスを使って通信相手を特定するようになっています。IP アドレスは、「123.45.67.89」のように、0～255 の数字を 4 個組み合わせたものです。

同じ送信元から何度もスパムが送られてくる場合、その送信元の IP アドレスを禁止 IP アドレスとして登録しておくことで、そこからのコメントやトラックバックを受け付けないようにすることができます。

● 禁止 IP アドレスを直接に指定する

禁止ワードの設定のページ（**画面 6.32**）には、禁止 IP アドレスを設定する欄もあります。その欄に、禁止したい IP アドレスを 1 行に 1 つずつ入力して、登録することができます（**画面 6.33**）。

▼ **画面 6.33** 禁止 IP アドレスを設定する

● コメント／トラックバックの送信元を登録する

コメント一覧のページから個々のコメントを表示したときや（216 ページの**画面 6.22**）、トラックバック一覧のページで個々のトラックバックを表示したときに（220 ページの**画面 6.29**）、「ホスト」の列に「拒否」というリンクがあります（**画面 6.34**）。

6-7 禁止ワードと禁止IPアドレスを設定する

　このリンクをクリックすると、画面6.35のようなメッセージが表示されます。ここで「OK」ボタンをクリックすると、そのコメントやトラックバックの送信元（ホスト）が禁止IPアドレスのリストに登録されます。そして、そこから再度コメントやトラックバックが送られてきても、それは受け付けられなくなります。

▼画面6.34　コメントやトラックバックの詳細のページに「拒否」のリンクがある

▼画面6.35　ホストを禁止IPアドレスに登録するかどうかを確認するメッセージ

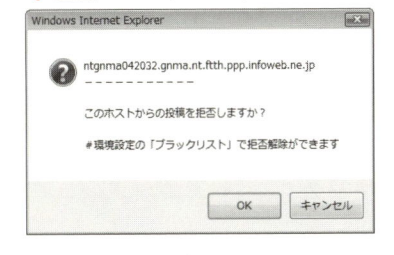

索引

【記号・アルファベット】

\# 31
  23
<span> 30

Amazon アソシエイト 163, 165
Amazon ギフト券 169
Amazon の広告 178
ASP 163

background-color 31
background-color プロパティ 39
background-image プロパティ 64
BlogPet 155
BlogToyBBS 157
BlogToyBBS に登録する 155
border 23
border プロパティ 40
br 要素 4, 12

color 31

em 33

FC2ID ログイン 119
FC2 カウンター 115
FC2 のサーバー 18
Firefox 11
float プロパティ 46
font-family プロパティ 35
font-size プロパティ 32

GIF 18
Girlish 8
Google マップ 136

href 3
HTML 2
HTML の編集 78
HTML ファイルをアップロードする 208

ID を指定する 60
img タグ 209
img 要素 19
img 要素の書き方 20

JavaScript 80
JPEG 18
JUGEM カスタマイズ講座 80

litebox-1.0.js の書き換え 150
litebox.css ファイルの書き換え 149
Litebox で画像を格好良く表示する 146
Litebox をダウンロードする 147

margin プロパティ 41
MS P ゴシック 35

NHK 時計 124

padding プロパティ 41
PC テンプレート 55
PNG 18
pt 33
px 33
p 要素 12

QR コード 201

RSS の登録 189

INDEX

Saaf ID 183
sans-serif 35
serif 35
span 要素 30
style 属性 28

table 要素 23
td 23
text-align プロパティ 43
tr 23
TrendMatch 183

vertical-align プロパティ 43

YouTube の動画 140

【あ行】

アクセスカウンター 115, 120
アクセスカウンタの設定 117
アソシエイト ID 169, 171
アフィリエイト 162
アフィリエイト・サービス・プロバイダー 163

イメージ挿入／編集 21

埋め込み 140

英数字だけのコメントを受け付けない 216
英数字だけのトラックバックを受け付けない 221

おすすめ 180
折りたたみのマークを画像に変える 94
オンラインカウンター 115
オンラインカウンターの桁数 120

【か行】

改行 4
改行の扱い 5

開始タグ 3
階層を指定する 60
カウンターの画像を変える 122
カウンターの設定 119
拡張プラグイン 112
飾り 35
下線 37
画像投稿 205
画像のアドレスを調べる 19
画像をアップロードする 18, 84
画像を含むホームページをアップロードする 209
カテゴリ 172
カテゴリーを変える 106
環境設定 90, 210

記事に画像を入れる 153
共有テンプレート 50
共有プラグイン 101
禁止 IP アドレスの設定 224
禁止ワードの設定 223

クラス 58
クラスを定義 59
クリック保証型 162

高機能テキストエディタ 8
広告 162
広告のコードを作る 192
公式テンプレート 50
公式プラグインの追加 99
個々の記事の書式を指定する 67
コメント 62
コメントスパム 213

【さ行】

最近のコメント 77
最近のトラックバック 80
サイドバーに掲示板をつける 155
サイドバーに広告を貼り付ける 194

INDEX

サイドバーに時計を表示する 126
サイドバーの折りたたみ 87
里親 130
サムネイル 18, 205
サムネイルから動画へリンクする 143
左右方向の位置指定 43

自動改行機能 5
自分のページにリンクしていないトラックバック
を受けつけない 221
写真に余白と枠をつける 72
斜体 37
週間カウント表示 121
終了タグ 3
紹介記事を書く 175
上下方向の位置指定 43
承認設定 213, 218
消費税の納税義務者 167
商品カテゴリ設定 172
商品を登録する 173
ショートカットをコピー 89
審査 170

スクリプトの書き換え 85
スタイルシート 9, 28
スパムコメント 213

成果報酬型 162
説明文を入れる 105
セル内間隔 25
セル内余白 25

ソース編集モード 9
属性 3

【た行】

ターゲット 17
代替テキスト 20
タイトルを変える 105

タグ 2
段落 12

地図を検索 136
中央揃え 43

通常カウンターの桁数 120
ツールバー 7
ツリー化 76
ツリー化スクリプト Ver.2 80
ツリーの線を表示する 83

テーブル挿入／編集 24
テーブルプロパティ 24
テンプレートイメージ 52
テンプレート管理 51
テンプレートの書き換え 152
テンプレートを編集する 55

特定の人にだけブログを公開する 210
時計を表示する 124
トラックバックスパム 218
トラックバックを承認制にする 218
取り消し線 37

【な行】

仲間内の情報交換 211

二重カウントしない 120

【は行】

背景に画像を入れる 39
背景の色を透明にする 65
背景を単色にする 63
幅 40

標準モード 7
表を段落の外に出す 27
ヒラギノ明朝 Pro W3 35

ファイルアップロード 18, 89	モバイルのシミュレータ 200
太字 37	モバイル用の管理ページ 203
プライベート 211	モバイル用のテンプレート 198
プライベートモード 211	モブログ 204
プラグイン 77	

【や・ら・わ行】

プラグイン関係 91	要素 3
プラグインの順序を入れ替える 103	よく使う書式をクラスに定義する 70
プラグインの設定 98	余白 40
フリーエリアプラグイン 194	
フリーエリアプラグインを追加する 112	リンク 15
プレビュー 52, 137	リンク集を表示する 107
ブログ RSS 130	リンクの追加 108
ブログに地図を貼り付ける 136	リンクのプラグイン 107
ブログの RSS を登録する 188	リンクの編集 109
ページ全体の背景を変える 63	レジストレーションコード 185
ヘッダー 66	
ヘッダーの ID 66	枠線 40
ポイント 33	
ボーダーサイズ 25	
ホームページビルダー 207	

【ま行】

マイショップ 163
マイショップ機能 171
回り込み 47
右寄せ 43
メールフォームプラグイン 110
メディア管理 189
メロコード 132
メロッチョ 128
メロメロパーク 128
メロを飼い始める 130
モバイルから投稿する 205
モバイルでブログを見られるようにする 198

著者略歴

藤本 壱（ふじもと はじめ）

1969年兵庫県伊丹市生まれ。神戸大学工学部電子工学科を卒業後、パッケージソフトメーカーの開発職を経て、現在ではパソコンおよびマネー関連のフリーライターや、ファイナンシャルプランナー（CFP(R)認定者）などとして活動している。ホームページのアドレスは、http://www.1-fuji.com。また、Blogのアドレスは http://www.h-fj.com/blog。

・最近の著書
「スタイルシートポケットリファレンス」
「【短時間で学べるプログラミング】Visual Basic 2005 クイックレシピ」
「ホームページやBlogが生まれ変わるお手軽Ajaxパーツ集」
「AjaxとPHPによるMovableType高速＆最強システム構築法」
「JavaScript中級講座」（以上、技術評論社）
「Movable Typeで作る最強のブログサイト　プラグイン＆カスタマイズ編」（ソーテック社）
「Excelでできるらくらく統計解析」
「ちゃんと儲けたい人のための株価チャート分析大全」（以上、自由国民社）

カバーデザイン◆Pocket Beat Graphics（江種啓子）
DTP・本文レイアウト◆SeaGrape
編集担当◆金田 冨士男

ブログ簡単パワーアップ
FC2ブログ スーパーカスタマイズテクニック

平成20年2月1日　初版　第1刷発行

著　者　　藤本　壱（ふじもと はじめ）
発行者　　片岡　巌
発行所　　株式会社技術評論社
　　　　　東京都新宿区市谷左内町21-13
　　　　　電話　03-3513-6150　販売促進部
　　　　　　　　03-3513-6160　書籍編集部
印刷／製本　昭和情報プロセス株式会社

定価はカバーに表示してあります。

本書の一部または全部を著作権法の定める範囲を越え、無断で複写、複製、転載、あるいはファイルに落とすことを禁じます。

造本には細心の注意を払っておりますが、万一、乱丁（ページの乱れ）や落丁（ページの抜け）がございましたら、小社販売促進部までお送りください。送料小社負担にてお取り替えいたします。

©2008　藤本 壱
ISBN978-4-7741-3335-5　C3055
Printed in Japan

本書に関するご質問につきましては、記載されている内容に関するものに限定させていただきます。本書の内容と直接関係のないご質問につきましては、一切、お答えできませんので、あらかじめご了承ください。

また、お電話での直接の質問は受け付けておりませんので、FAXあるいは書面にて、下記までお送りいただくか、弊社ホームページの該当書籍のコーナーからお願いいたします。

また、ご質問の際には『書籍名』と『該当ページ番号』、『お客様のマシンなどの動作環境』、『e-mailアドレス』を明記してください。

【宛先】
〒162-0846
東京都新宿区市谷左内町21-13
株式会社 技術評論社 書籍編集部
「FC2ブログ スーパーカスタマイズテクニック」質問係
FAX：03-3513-6161

■技術評論社Web
http://book.gihyo.jp/

■書籍情報ページ
http://book.gihyo.jp/2008/978-4-7741-3335-5

お送りいただきましたご質問には、できる限り迅速にお答えをするように努力しておりますが、場合によってはお答えするまでに、お時間をいただくこともございます。回答の期日をご指定いただいても、ご希望にお応えできかねる場合もございます。あらかじめご了承ください。

なお、ご質問の際に記載いただいた個人情報は、質問の返答以外の目的には使用いたしません。